柑橘提质增效生产丛书

TUSHUO YOULEI
YOUZHI GAOXIAO ZAIPEI JISHU

图说 柚类

优质高效栽培技术

区善汉 / 等 编著

中国农业出版社

北 京

编 写 人 员

主　编　区善汉

编著者　区善汉　梅正敏　张社南　肖远辉

　　　　　贺申魁　刘冰浩　莫健生

　　柚是柑橘属中最具经济栽培价值的种类之一。目前我国柚类栽培以沙田柚、琯溪蜜柚为主，近些年红肉蜜柚和一些地方良种发展较快，形成了独具特色的优势产业。

　　沙田柚原产广西容县沙田村，是我国柚类著名良种，主产广西、广东、湖南、重庆、贵州、四川等地；蜜柚类原产福建平和县，主产福建、广东、广西、江西、海南、云南，近5年来发展较快。沙田柚果大质优味甜肉脆耐贮藏，一直以来深受消费者的青睐，广西沙田柚从20世纪80年代中期开始逐步发展，至21世纪初，面积出现高峰，达到72万亩*；广东梅州、湖南江永也大力发展沙田柚产业，高峰期面积分别达到30万亩和10万亩。沙田柚产业曾经或正在给无数果农带来财富，成为广大农村脱贫致富的支柱产业。但此后受早熟柚、沙糖橘、杂交柑效益显著的影响，广西沙田柚面积严重萎缩，由20世纪90年代的70万亩左右大幅度下降至目前的34万亩左右。近两年来，很多果农又开始种植柚类良种，包括沙田柚芽变优良新品种——自花结果的桂柚1号和蜜柚类的红肉蜜柚、三红蜜柚、黄金蜜柚、泰国红肉柚等。

　　蜜柚类已在福建、广东快速发展近10年。2017年，福建、

<hr />

　　＊　亩为非法定计量单位，1亩＝1/15公顷。全书同。——编者注

广东蜜柚类面积分别达90万亩、25.5万亩左右，已成为福建漳州、龙岩、莆田、宁德、三明等地，广东梅州、韶关和河源等地的支柱产业之一。

永红矮晚柚主要分布在四川遂宁，广西桂林、南宁等地有引种；泰国红肉柚在海南、云南、广西等地有引种。

柚类栽培历史悠久，分布范围广，面积大，果实品质优良，一直以来都是柑橘产区部分果农的支柱产业。但我国柚类产业一直存在诸如建园质量低、种植区域与苗木选择不科学、不开花结果、大小年频繁、保花保果技术不过关、果实品质良莠不齐、优质果比例低、病虫害（柑橘黄龙病、溃疡病、黄斑病、红蜘蛛、锈蜘蛛、木虱等）防控不理想、果农特别是新区果农栽培技术水平低、平均产量低，导致果实品质良莠不齐、部分价格与比较效益不够理想等问题，这些问题自劳动力、土地和农资成本上涨以来更加突出。如何解决？笔者认为，虽然原因是多方面的，但进一步普及、提高从业者的栽培技术与果园综合管理水平乃当务之急。

为了进一步普及、提高柚类高效栽培技术，有针对性地解决上述存在问题，提高产业效益，确保柚类产业的可持续发展，笔者根据多年的生产实践及科研成果编写了《图说柚类优质高效栽培技术》。由于我国各柚类产区气候、立地、土壤等条件差异较大，所以柚类栽培技术必须因地制宜，根据各产地的具体情况灵活应用。

在本书编写过程中，笔者参考了部分同行的文献资料，得到了有关领导与专家的大力支持，在此表示衷心的感谢。

因笔者水平有限，书中难免存在不足和错误，敬请广大读者提出宝贵意见，以便今后修订和完善。

编著者

2019年6月于桂林

目 录

前言

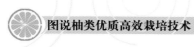

图说柚类优质高效栽培技术

本书编著与出版支撑项目与平台：

1. 广西重点研发项目"优质柚类新品种标准化生产技术研究与示范"

2. 广西创新驱动发展专项资金项目课题"柑橘低产果园改造技术研究"

3. 广西柑橘创新团队栽培功能岗位

第一章
柚类栽培概述

20世纪90年代后，我国的柚类栽培一直在高速发展，形成了目前以沙田柚、蜜柚类为主，玉环柚次之，搭配其他地方良种的独具特色的优势产业（引自《柑橘学》，2013）。

一、沙田柚与蜜柚的栽培历史

（一）沙田柚

沙田柚因原产广西容县沙田村而得名。根据《容县志》（清光绪二十三年）记载，容县栽培沙田柚历史已300年左右。重庆长寿沙田柚系1887年从广西沙田柚实生树引种优变而来，四川遂宁正形沙田柚系1934年从广西容县引入沙田柚接穗嫁接到本地酸柚上形成。广东梅州金柚、湖南江永香柚均为容县沙田柚引种而来。

（二）桂柚1号

桂柚1号是由广西柑橘研究所与阳朔县科技局选育，2010年通过广西农作物新品种审定委员会审定的沙田柚芽变新品种，2012年开始在广西容县、蒙山、来宾、玉林、桂林以及广东梅州、湖

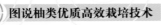

南江永、重庆等地示范推广。

（三）琯溪蜜柚

琯溪蜜柚原产于福建省平和县小溪镇西林村，清乾隆时期即为贡品，迄今已有500多年的栽培历史。1994年，通过农业部农作物品种审定委员会审定，命名为琯溪蜜柚。1984－2005年在平和县大规模种植。

（四）红肉蜜柚

红肉蜜柚由福建省农业科学院果树研究所、平和县农业局从平和县小溪镇厝丘村琯溪蜜柚的芽变选育而来。2006年2月通过福建省非主要农作物品种审定委员会审定。在平和县大规模种植，先后引种到海南、浙江、广东、广西、江西、四川等地种植。

（五）三红蜜柚

三红蜜柚从平和县小溪镇厝丘村红肉蜜柚的芽变中发现，由福建省国农农业发展有限公司、福建农林大学园艺学院、福建省平和县琯溪三红蜜柚开发有限公司共同选育。2013年通过福建省农作物品种审定委员会审定。在平和县大规模种植，浙江、广东、广西、江西、四川、海南先后引种、推广。

（六）黄金蜜柚

黄金蜜柚又称黄金柚，是福建省农业科学院果树研究所与平和县经作站从平和县小溪镇内林村琯溪蜜柚的芽变选育而成，2013年4月通过福建省农作物新品种审定委员会审定。在平和县大规模种植，浙江、广东、广西、江西、四川等地已引种。

二、沙田柚与蜜柚的产业现状

（一）分布

1.沙田柚　目前，沙田柚主要分布在广西、广东、湖南、四川、重庆等地，贵州、海南、福建、云南、江西等地有栽培。在广西，主产于容县、阳朔、临桂、藤县、苍梧、宜州、融水、融安、蒙山等地；在广东，主产于梅州、韶关和河源等地。

2.蜜柚类　蜜柚主要分布在福建、广东、海南、广西、江西、云南等省份。福建主要分布在漳州、龙岩、莆田、宁德、三明等地，品种主要是琯溪蜜柚、红肉蜜柚、三红蜜柚和黄金蜜柚；广东主要分布在梅州、韶关和河源，品种主要是琯溪蜜柚、红肉蜜柚和三红蜜柚；海南主要分布在临高、儋州、屯昌、澄迈等地；广西主要分布在玉林、贵港、来宾、桂林、南宁、梧州、钦州等地，品种主要是红肉蜜柚和三红蜜柚，黄金蜜柚有零星栽培。

3.桂柚1号　桂柚1号分布在广西容县、蒙山、临桂、阳朔、融水、兴业、平乐等地，广东梅州、韶关、肇庆以及湖南江永、重庆等地有引种。

（二）面积与产量

2017年，广西沙田柚面积34.25万亩、产量52.20万吨，蜜柚类面积和产量分别约10万亩、11万吨；福建蜜柚类面积与产量分别达到约90万亩、120万吨，其中漳州市平和县的蜜柚种植面积和产量分别达到70.8万亩、109.35万吨，占福建全省柚类的82.37%和91.37%；2018年，广东梅州柚类面积59.8万亩、产量89万吨；2018年，湖南沙田柚面积与产量分别达到30万亩、25万吨；2018年，海南蜜柚面积5万亩左右，产量5万吨左右，品种以红肉蜜柚、三红蜜柚为主。

（三）存在问题

1. 不重视果园规划 一是品种选择没有考虑当地的气候条件，如在气温低、海拔高地区种植，皮厚（图1-1），糖度低、酸度大，风味较淡，果实品质较差，成熟上市迟，没有竞争优势；二是建园质量低，定植前未挖大坑或深沟，不施基肥或施肥量不足；三是在市场上随意购买苗木或在露地育苗（图1-2），导致柑橘溃疡病（图1-3）、黄龙病发病率高（图1-4）；四是果园水利、道路等基础设施不配套，导致灌溉、交通难度增大。

图1-1 产自海拔650米左右的红肉蜜柚成熟时果肉颜色浅、风味较淡

图1-2 露地苗圃的黄龙病苗

图1-3 部分柚园溃疡病严重

2.新品种引种推广不规范，优良品种不能适地适栽 蜜柚新品种问世以来，由于刚开始时面积与产量都不大，价格较理想，很多果农或企业在不经试种的情况下就盲目规模种植，导致一些品种如红肉蜜柚、三红蜜柚在年平均气温与有效积温偏低的桂北（图1-5）、600米以上高海拔果园（图1-6）出现果

图1-4 柑橘黄龙病严重的果园

图1-5 在桂北种植蜜柚表现迟熟、综合表现较差，缺乏优势

图1-6 在高海拔区域种植蜜柚表现迟熟、品质差

肉或果皮着色很不理想，甚至根本无法体现品种本身固有的色泽，皮较厚，果实品质较差（表1-1），而且成熟迟，在10月下旬至11月上中旬才成熟。而此时，沙田柚、桂柚1号及其他中熟柚类、脐橙、早熟沙糖橘、中晚熟温州蜜柑、南丰蜜橘等已陆续上市，最终导致没有市场竞争优势，价格低，效益不佳甚至亏本的严重后果。

表1-1　不同产地红肉蜜柚果实品质的差异（2015年9月29日）

项	目	皮厚（毫米）	果肉颜色	可溶性固形物含量（%）	每100毫升果汁可滴定酸含量（克）	每100毫升果汁维生素C含量（毫克）	每100毫升果汁全糖（克）	固酸比	风味
产地	蒙山（海拔560米）	19.73	浅红色	9.0	0.44	34.54	8.83	20.45	甜酸，味淡
	阳朔	18.70	浅红色	9.4	0.50	31.05	9.08	18.80	甜脆，味较淡
	容县	10.60	深紫红色	11.2	0.47	38.03	10.31	23.83	甜酸可口，肉脆，风味浓

图1-7　有机肥撒施在树盘上

3.不注重改良土壤　大部分柚园土壤为红黄壤，土壤缺乏有机质，酸度大、易板结、养分少，不利于根系的生长，必须每年深施有机肥改土才能创造肥沃疏松的土壤环境。但目前相当多的果园不注重改良土壤，几年不施一次重肥，施肥仍以化肥为主；或虽施有机肥，但因劳动力紧缺及成本上涨，肥料撒施在树盘上（图1-7）；或施肥量不足、有机肥少、方法不对，造成效果差，果实可溶性固形物含量低、风味淡，有时还出现苦味等异味，严重影响果实品质、销售和效益。

4. 不注重或不懂修剪　虽然各产区涌现了一批高产、优质、高效的典型果园，但仍有相当多的柚园栽培管理水平尤其是修剪技术水平不高，特别是规模种植的果园，虽已进入盛果期且树冠高大，但由于管理工作靠雇请季节工人来完成，而这些临时工素质较低，短期无法掌握技术性很强的修剪工作，因此，不重视修剪或根本不懂修剪，成年果园株行间交叉后株间行间、树冠内膛密不透风，光照严重不足，导致介壳虫、蜗牛、炭疽病等病虫害频发，造成枝条大量枯死，树冠中下部结果母枝逐年减少，内膛空（图1-8、图1-9），结果部位无奈上移，导致平面结果，产量无法提高，果实品质下降，效益下滑。

图1-9　树冠密闭，内膛枝干枯严重

图1-8　树冠内膛空虚，结果母枝少

5. 平均单产偏低　由于不掌握柚类栽培技术或受投资困难的制约，很多柚类种植后管理跟不上，树冠直立不开张，树势过旺，无花或少花；或者多年失管，青壮年树变成小老树，结果树投产率和单产低。如2016年广西沙田柚平均单产只有1.51吨/亩,蜜柚类更低,只有约1.1吨/亩;福建蜜柚平均单产略高,也仅有约1.33吨/亩。平均单产低的原因是部分果园促花技术不过关,花芽分化不好,少花或无花,沙田柚人工授粉质量没有保证。这种现象在新区、劳力紧张的产区比较明显而普遍。

6. 果实品质良莠不齐 一是皮薄光滑、风味浓、口感佳的优质果比例不高;二是果实大小、形状相差较大,整齐度差(图1-10);三是部分产区的红肉蜜柚果肉着色不理想,着色浅;四是在气温和有效积温偏低的产区,三红蜜柚外果皮着色不理想或不着色(图1-11、图1-12)。

图1-10 果实整齐度较差

图1-11 三红蜜柚着色差

图1-12 几乎不着色的三红蜜柚

7. 柑橘黄龙病蔓延为害 由于苗木市场的混乱、监管的不力及柑橘黄龙病的快速传播,防控上做不到联防联控,近十年来,主产柚类的广东、福建、广西等柚类产区已普遍发生柑橘黄龙病,各柑橘产区已很难找到没有柑橘黄龙病的净土,特别是广西平乐、恭城、阳朔、容县以及广东梅州、湖南江永等地的部分老柚园,黄龙病高发,局部果园病株率高达20%～30%,不少成片的果园已因柑橘黄龙病的为害而毁灭。

8.生产成本上涨，经济效益不稳定 随着农村劳动力的转移、老化及产业规模的不断扩大，从事农业的劳动力基本上是以中老年人为主，年轻人留在农村的越来越少，劳动力日趋紧缺。因此，一方面劳动者年龄老化，效率降低；另一方面劳动力价格逐步上涨，农忙季节经常出现雇工难的现象。这在很大程度上影响着大规模果园的田间管理如施肥、修剪、喷药、采果和沙田柚的人工授粉等季节性强的工作。

（四）发展柚类产业的前景

1.柚类果实品质优良，营养丰富 沙田柚、桂柚1号果大质优美观耐贮藏。肉质脆嫩化渣，风味浓甜，营养丰富。据中国医学科学院卫生研究所分析，沙田柚每100克可食部分含蛋白质0.9克、脂肪0.2克、碳水化合物11.8克、灰分0.6克、铁0.3毫克、钙19毫克、磷27毫克、热量222千焦、粗纤维0.5克、胡萝卜素微量、维生素B_1 0.05毫克、维生素B_2 0.02克、维生素B_3 0.4克、维生素C123毫克，是柑橙的2～4倍。

黄金蜜柚、红肉蜜柚、三红蜜柚的类胡萝卜素含量丰富，适当摄入具有保护眼睛、延缓衰老等保健作用。

常吃柚类具有健胃、清热解毒、润肺、化痰止咳等功效，尤其适合糖尿病人食用。

2.沙田柚面积持续下降，优质果比例小，消费者青睐优质果品 1999—2001年，广西沙田柚面积多达70余万亩。后来，随着沙糖橘效益的持续显著提升，沙糖橘快速发展。随后，沃柑、蜜柚快速扩种，原来种植沙田柚的果园，也因沙田柚的价格低迷而改种沙糖橘、沃柑或高接红肉蜜柚、三红蜜柚等其他品种，导致广西、广东沙田柚面积大幅度下降，2017年广西沙田柚面积与产量分别为34.25万亩、52.2万吨（表1-2），分别占广西柑橘面积与产量的5.17%和7.6%。

表1-2　广西沙田柚面积与产量变化情况

年份	1989	1999	2000	2001	2007	2008	2009	2013	2016	2017
面积（万亩）	28.55	72.00	71.23	70.48	43.56	42.72	42.61	37.89	33.93	34.25
产量（万吨）	2.59	18.61	18.36	22.45	35.26	36.88	38.36	50.25	51.39	52.2

同时，目前主产县容县，沙田柚采收时可溶性固形物含量达到13%或以上，风味浓甜的占比不足30%，其他产区如桂北、桂中更低。因此，优质沙田柚在采收时往往就被消费者抢购一空，很多消费者难以买到真正优质的果品。

3.桂柚1号、蜜柚等的推广应用解决了沙田柚自花不结果问题　传统栽培的沙田柚自交不亲和，需要通过人工异花授粉才能正常结果。随着农村劳动力的短缺与老化，面积较大的果园在花期很难请到足够的人力授粉，或因工人年老体弱、树冠高大而不能上树授粉，严重影响授粉质量。蜜柚类、桂柚1号、永红矮晚柚、葡萄柚、泰国蜜柚等自花结果，不需人工异花授粉，可节约人工异花授粉的成本。

4.发展柚类产业具有比较优势　柚类具有果大质优、容易套袋、便于采收及果实蝇套袋防控的优势。优质柚类品种众多，具有早、中、晚熟不同品种，早熟的蜜柚类、泰国蜜柚在热带的海南或有效积温高的桂南、闽南、粤东南、云南西双版纳等地种植，可在8月上市（图1-13），供应中秋、国庆节日消费高峰市场，获得较好的效益，还可避免冬季霜冻、冰冻等不良天气的影响。沙田柚、桂柚1号果实耐贮藏，有"天然水果罐头"的美称，常温条件下可贮藏3～5个月（图1-14），从11月采收直至春节后的2～4月甚至清明节前后一直可以销售，比其他柑橘品种具有耐贮藏的优势，从而大大地拉长了销售期，减缓了销售压力。

柚类具有抑制血糖升高的作用，特别适合糖尿病人食用。据

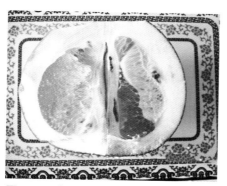

图1-13　海南海口市的水晶柚可在8月采收上市

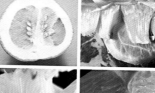

图1-14　2016年10月30日采收，常温贮藏至2017年5月14日的桂柚1号果实，果肉紧致，风味浓甜

文献报道，柚子中的主要成分包括柠檬苦素及其类似物、类黄酮化合物（如柚皮苷等）、脂肪酸类、蛋白质及其他矿物质等，其中，脂肪酸类物质较多，但主要具有药理活性的成分集中在柠檬苦素及其类似物和类黄酮化合物。这几种主要成分与已上市的作为治疗糖尿病的新型药物钠-葡萄糖协同转运蛋白-2（SGLT-2）抑制剂达格列净具有结构类似性。分析结果表明，在桂柚1号种子中含量较高的主要成分为柠檬苦素、柚皮苷和新橙皮苷，这3种主要成分均具有一定的抑制SGLT-2活性的作用，新橙皮苷和柚皮苷具有一定的降血糖作用。

5.适当发展早熟柚类，占领中秋、国庆消费市场　蜜柚类具有自花结果、无籽或少籽、果汁丰富、酸甜适中、风味浓、早熟的优势，在广东、福建、海南、云南、江西、广西南部及中部产区，蜜柚可在中秋、国庆前成熟，可以抢占仅次于春节的中秋、国庆消费市场，获得较好的经济效益。所以，在≥10℃的年有效积温5 800℃以上的热带、南亚热带区域适当发展红肉蜜柚、三红蜜柚、黄金蜜柚及泰国蜜柚等优良品种，具有较明显的市场优势。

（五）柚类产业发展建议

1.根据品种特性适地适栽 柚类对气候条件的要求较高，需要达到足够的平均气温和有效积温才能确保果实品质。不是所有地方都是种植柚类的理想之地，如秋冬季气温过低、海拔过高、年有效积温不足的区域，就不适宜建园种植。总体来说，在年平均温度19 ~ 25℃，≥10℃的年有效积温5 800℃以上区域，更适宜柚类的种植。

2.科学规划，高标准建园 一是科学建园，选择没有柑橘黄龙病、地下水位低、排水良好、交通方便、水源充足等适宜柚类生长发育的环境建园；二是选择在适宜种植柚类的土壤、气候条件下种植，不要盲目乱种；三是种植无病苗木；四是注重学习，不断提高科学管护的技术水平。

3.种植无病苗木 由于苗木市场无病苗木与非无病苗木共存，而除表现出症状的病苗外，仅从苗木外观很难鉴别其是否带有柑橘黄龙病，因此，为了避免因引种新品种、苗木和接穗而传播病害，必须禁止从不明病情的产地购进新品种、接穗和苗木。在新种或补种时一定要种植无病苗木（图1-15）。只有这样，才能保证

图1-15 桂柚1号无病苗木

柚类正常生长结果，延长经济寿命，获得预期的收益。如果种植来源不明或带病的苗木，极有可能出现种植两三年后就发生柑橘黄龙病的严重后果。

4.坚持施用优质有机肥 优质有机肥既可提供全面的养分，又可有效改良土壤，使土壤由酸、瘦、板结变成疏松、肥沃，从而有利于树体的生长发育，有利于持续高产。因此，柚园施肥宜以有机肥为主，坚持每年或每两年深施一次优质有机肥（图1-16），以改良土壤；平时多施花生麸等麸肥、优质生物有机肥，少施化肥。

图1-16 优质有机肥

5.切实做好柑橘黄龙病、溃疡病的联防联控 由于体制、经营模式等方面的原因，我国的柑橘产业大都是由千家万户的小规模果园构成的，在柑橘黄龙病、溃疡病的防控上，长期存在分散、不统一、不联合防控的问题，防控效果不理想。要切实防控好柑橘黄龙病，除了加强技术培训与技术指导，让果农深刻认识到黄龙病、溃疡病的危害性，能识别柑橘溃疡病、木虱及柑橘黄龙病症状，提高防控的技术水平外，各柑橘产区宜以村委会、自然村屯或大型果场为单位，通过制度或村规民约对农户进行约束，做到统一种植无病苗木、统一普查病树、统一喷药防治木虱、统一砍除黄龙病病树，联防联控柑橘黄龙病和溃疡病。

第二章
主栽的柚类品种

目前，在广东、广西、福建、湖南、重庆、云南、贵州主栽的柚类优良品种主要有沙田柚、桂柚1号、琯溪蜜柚、红肉蜜柚、三红蜜柚、黄金蜜柚、永红矮晚柚等。

一、沙田柚

沙田柚（图2-1、图2-2）树冠圆头形，树形开张；单生复叶，翼叶中等大；结果母枝以树冠内膛一年或一年生以上春梢为主；花大，完全花，以总状花序为主，其中大多数为无叶花序花，少数为有叶花序花或单花。

图2-1　沙田柚结果状

图2-2　沙田柚果实外观与剖面

沙田柚自交不亲和，自花授粉坐果率极低，人工自花授粉的坐果率只有0.06%～0.47%，需要人工异花授粉才能正常结果。

沙田柚果实形状呈梨形，有矮颈、高颈之分，单果重750～1400克，最重可达2600克左右。果顶有明显而大的印圈，俗称"金钱底"。果实成熟前，果皮颜色为绿色，成熟或经贮藏后呈黄绿色或橙黄色。据广西柑橘研究所（现广西特色作物研究院）分析，沙田柚果皮厚1.45～1.96厘米，可食部分40.1%～50.38%，果汁含量35.96%，柠檬酸含量0.32%～0.42%，全糖含量12%～15.1%，可溶性固形物含量11%～18%，100毫升果汁含维生素C103.4～157.74毫克，每果种子56～145粒，单胚。

果实于10月下旬至11月上旬成熟，常温贮藏15～30天后食用，果实风味更佳；可常温贮藏90～150天。

优点：果大形美质优耐贮，甜脆化渣。

缺点：自交不亲和，需人工异花授粉，种子较多，较易感染柑橘溃疡病。

二、桂柚1号

桂柚1号（图2-3、图2-4）树势强，树形开张，树冠圆头形；枝梢无刺、密生、较粗；叶大互生，叶片卵圆形，叶翼大，基部

图2-3　桂柚1号结果状

图2-4　桂柚1号果实外观与剖面

楔形与叶身相叠呈倒心脏形，叶缘具波状浅锯齿，叶面深绿有光泽，叶面主脉平滑，叶背主脉稍突出；一年及一年生以上的春梢是其主要结果母枝；花大，完全花，以总状花序为主，其中大多数为无叶花序花，少数为有叶花序花或单花。

桂柚1号自花结果，不需要异花授粉即可正常结果，自然自花授粉坐果率高达1.71%～9.70%，比沙田柚提高了20.64～28.5倍，从而节省了大量的人工异花授粉的费用。

果实梨形，油胞大、明显，果顶微凹、有印圈，果皮初呈黄绿色，10月下旬开始或经贮藏后转为橙黄色。单果重928～1 360克，最大单果重量可达1 500克左右，果皮厚1.77～2.03厘米，采收时的固形物含量10.4%～18.5%，种子数91.3～155.7粒，可食率42.69%～47.75%，100毫升果汁含全糖8.61～11.05克、维生素C 75.12～97.97毫克、柠檬酸0.21～0.34克；种植后3～4年结果，盛果期亩产量可达2 500～4 000千克。

在桂南，果实10月下旬至11上旬成熟，在桂中，果实11月上旬至11中旬成熟，在桂北，果实11月中旬至12上旬成熟。常温贮藏15～30天后食用，果肉汁胞变软，风味更佳；可常温贮藏90～150天。

桂柚1号适应性广，在年平均温度19～25℃，≥10℃的年有效积温5 800℃以上，1月平均气温7.8～14.0℃，绝对最低温度≥−3℃的区域均可种植。

优点：自交亲和，不需人工异花授粉，坐果率高；果大形美质优耐贮，甜脆化渣。

缺点：种子较多，较易感染柑橘溃疡病。

三、琯溪蜜柚

琯溪蜜柚（图2-5、图2-6）生长势强，树冠圆头形或半圆形，枝叶稠密。春梢叶片长卵圆形，叶缘锯齿浅，翼叶大，心脏形。

图2-5　琯溪蜜柚结果状

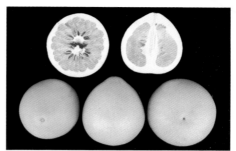

图2-6　琯溪蜜柚果实外观与剖面

自花结果，不需异花授粉；结果母枝以一年生或一年生以上细弱春梢为主；花大，完全花，以总状花序为主，多数为无叶花序花，少数为有叶花序花或单花；果实倒卵形或梨形，海绵层白色，果肉白色或黄白色，果面光滑，中秋节前采收果皮淡黄绿色或浅绿色，成熟或套袋后为金黄色，果顶平，中心微凹，有明显印圈，果皮较易剥。单果重1 000 ～ 2 000克，无籽。在广西容县，采收时可溶性固形物含量9.2% ～ 10%，每100毫升果汁柠檬酸含量0.54 ～ 0.77克，每100毫升果汁维生素C含量28.08 ～ 41.58毫克，味酸甜可口。在桂南9月上旬成熟，桂中9月中旬成熟，桂北9月下旬成熟。种植后第3年可结果。

优点：早结丰产，自花结果，果大早熟，汁多，无籽或少籽。

缺点：果实容易内裂，贮藏性不及沙田柚和桂柚1号，容易出现粒化现象，较易感染柑橘溃疡病。

四、红肉蜜柚

红肉蜜柚（图2-7、图2-8）生长势强，树冠圆头形或半圆形，枝叶稠密；春梢叶片长卵圆形，叶缘锯齿浅，翼叶大，心脏形；结果母枝以一年生或一年生以上细弱春梢为主；花大，完全花，以总状花序为主，多数为无叶花序花，少数为有叶花序花或单花；

图2-7　红肉蜜柚结果状

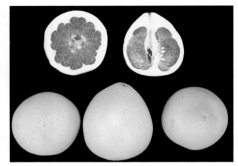

图2-8　红肉蜜柚果实外观与剖面

自花结果，不需异花授粉；单果重1 000 ～ 2 500克，外果皮黄绿色，果肉淡紫红色，囊皮粉红色，汁胞红色，果汁丰富，风味酸甜。在广西，采收时可溶性固形物含量9.6％～ 11.2％，柠檬酸含量0.40％～ 0.68％，每100毫升果汁维生素C含量26.43 ～ 38.03毫克，汁胞呈色色素为番茄红素和β胡萝卜素。种植后第3年可结果。

在桂南9月上旬成熟，在桂中9月中旬成熟，在桂北9月下旬至10月成熟。常温贮藏20天左右，汁胞容易木栓化，风味变差，不耐贮藏。

优点：早结丰产，自花结果，果大早熟，果肉淡紫红色，汁多，无籽或少籽。

缺点：果实容易内裂，贮藏性不及沙田柚和桂柚1号，初结果时及贮藏后果肉较易出现粒化现象，较易感染柑橘溃疡病。

五、三红蜜柚

三红蜜柚（图2-9、图2-10）植株形态、生物学特性与红肉蜜柚相似，树冠圆头形或半圆形，春梢叶片长卵圆形，叶缘锯齿浅，翼叶大，心脏形；结果母枝以一年生或一年生以上细弱春梢为主；花大，完全花，以总状花序为主，多数为无叶花序花，少数为有

图2-9 三红蜜柚结果状
（符兆欢提供）

图2-10 三红蜜柚果实外观与剖面

叶花序花或单花；自花结果，不需异花授粉；果实倒卵圆形，果皮黄绿色，单果重1 000～2 000克，最大可达3 500克，果皮薄、光滑，经果袋套果，果实成熟时外果皮呈不均匀的橙红色，易剥离，海绵层、果肉玫瑰红色，汁多化渣，酸甜适口，少籽或无籽。在广西钦州，10月上旬采收时可溶性固形物含量10.6%，每100毫升果汁柠檬酸含量0.40克，每100毫升果汁维生素C含量32.4毫克。在广西容县，果实9月中下旬成熟。常温贮藏20天左右，汁胞容易木栓化，风味变差，不耐贮藏。种植后第3年可结果。

优点：早结丰产，果大早熟，果肉与海绵层淡紫红色，外果皮不均匀淡紫红色，自花结果，汁多，无籽或少籽，甜酸可口。

缺点：果实容易内裂，贮藏性不及沙田柚和桂柚1号，初结果时及贮藏后果肉较易出现粒化现象，较易感染柑橘溃疡病。

六、黄金蜜柚

黄金蜜柚（图2-11、图2-12）植株形态、生物学特性与红肉蜜柚相似；树冠圆头形或半圆形，春梢叶片长卵圆形，叶缘锯齿浅，翼叶大，心脏形；自花结果，不需异花授粉；叶片长椭圆形，叶尖钝尖，叶基楔形，叶面浓绿光滑，叶翼大，心脏形；花

图2-11　黄金蜜柚结果状
（周长征提供）

图2-12　黄金蜜柚果实外观与剖面

大，完全花，花瓣白色；果实倒卵圆形，果皮黄绿色，单果重1 000～1 800克，最大可达3 500克，果皮薄，少核，汁多，果肉橙黄色，肉质清甜适口、化渣。在广西容县，果实9月中下旬成熟，9月下旬采收时可溶性固形物含量9.6％，每100毫升果汁柠檬酸含量0.49克，维生素C含量30.24毫克。种植后第3年可结果。

在桂南9月中旬成熟，在桂中9月下旬成熟，在桂北10月上中旬成熟。常温贮藏20天左右，汁胞容易木栓化，风味变差，不耐贮藏。

优点：早结丰产，自花结果，果大早熟，果肉橙色或橙黄色，汁多，无籽或少籽，甜酸适口。

缺点：果实容易内裂，贮藏性不及沙田柚和桂柚1号，较易感染柑橘溃疡病。

七、泰国红肉柚

泰国红肉柚（图2-13、图2-14）树形较开张，树势旺盛，枝条紧凑；春梢叶片长鸭梨形，叶缘锯齿浅，翼叶细长；春梢、夏梢是翌年的主要结果母枝；自花结果；花大，完全花，花瓣白色，

图 2-13　秦国红肉柚结果状

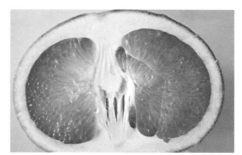

图 2-14　泰国红肉柚果实横剖面

多为花序花；果实扁圆形，果皮黄绿色，平均单果重 1 100 克，果皮厚约 1.7 厘米，少核，汁多，果肉粉红色，甜酸适口，细嫩化渣，果汁丰富。在海南橙迈，2 月上中旬现蕾，3 月下旬盛花，果实 9 月上中旬成熟，可溶性固形物含量 9.0%，柠檬酸含量 1.53%，每 100 克果肉维生素 C 含量 45.23 毫克。种植后第 3 年可结果。

优点：早结丰产，自花结果，坐果率高，果肉粉红色，汁多，无籽或少籽，甜酸适口，果实较耐贮藏。

缺点：较易感染柑橘溃疡病。

八、永红矮晚柚

永红矮晚柚（图 2-15、图 2-16）系四川省遂宁市名优果树研究所从晚白柚中选育而成，树势中等，树形扁圆，主枝姿态开张，自然开心形，有刺；叶椭圆形，叶尖渐尖，叶基圆形，叶全缘，翼叶倒心形；每年可多次开花，花序花为主，花白色，花粉量多；果形近球形，单果重 1 500 ～ 2 000 克，最重可达 5 000 克，果皮黄色、薄、易剥，果面光滑、无沟纹，油胞小、平而密；海绵层白色，中心柱小，果心充实；果肉玫瑰红色，细嫩、化渣，果汁丰富，酸甜可口，香气浓郁；种子少，单胚。

永红矮晚柚自花结果，在四川果实 12 月底开始着色，翌年

图2-15　永红矮晚柚结果状
（徐永红提供）

图2-16　永红矮晚柚果实剖面、果肉与二世同堂果
（徐永红提供）

2～3月成熟，无裂果；种植后3年结果，丰产期亩产5 000～7 500千克，常温贮藏7～10天口感更佳，常温可贮藏60～90天。

永红矮晚柚适应性广，在海拔800米以内，年均温16℃以上，最低气温不低于−3℃，年日照时数1 000小时以上，年有效积温4 800℃以上，微酸（红壤、黄壤）、微碱性土壤、盐碱地均可种植。

优点：早结丰产，自花结果，坐果率高，晚熟；果皮薄，果肉脆嫩化渣、汁多、少籽、酸甜适中，具玫瑰香味。

缺点：冬季严寒容易引起落果，较易感染柑橘溃疡病。

第三章
建园与种植

一、适宜柚类栽培的条件

（一）气候条件

宜选择在年平均温度19 ～ 25℃，≥10℃的年有效积温5 900℃以上，1月平均气温7.8 ～ 14.0℃，绝对最低温度≥－3℃的产区种植，平均气温太低的产区，果实品质差，成熟迟，缺乏竞争优势。

（二）土壤条件

选择土壤质地良好，疏松，有机质含量1.5%以上，排水良好，地下水位1.5米以下，土层1米以上，pH 5.0 ～ 6.5的土壤种植。

二、园地要求

利用红壤、黄壤的缓坡地或丘陵山地等建园，要优先选择地形较开阔平整、土层深厚肥沃、灌溉条件较好、坡度25°以下、避冻避风的地方，同时做好水土保持和土壤改良。

建园时要注意保留或在园地上新种水源林和防护林，规划道路和排灌蓄水系统、工棚粪池，修筑内斜式等高梯地（图3-1）。坡度大且地形复杂或土地零散的地方应放弃不种。

　　在丘陵坡地的梯面上，可开挖宽80厘米，深60～80厘米的壕沟，或种植穴，挖出的表、底层土分开堆放，分别回填，回填沟、穴前最好任其暴晒一段时间（图3-2）。改土沟穴回填时，根据当地条件，可同时压埋基肥，如绿肥、厩肥等粗肥，也可用石灰（红黄壤等酸性土）以及磷肥、饼肥等精肥。将粗肥与挖出的表层土混合后回填到离沟底50～70厘米时，将精肥与底层土混合后回填到高出地面10～20厘米即可，最后将挖出的土壤全部回填，使种植沟、穴的土面高出地面20～30厘米，经过一段时间的风化下沉后即可定植。

图3-1　等高梯地

图3-2　开挖壕沟暴晒土壤

图3-3　在挖好的种植穴内施精肥

　　为了加快定植后的苗木生长，在种植沟、穴回填后即可确定定植规格和定植穴的位置，对定植穴进行土壤培肥。方法是以栽植点为中心，在其半径20～25厘米、深40厘米范围内的土壤施用适量的畜禽粪肥、饼肥、生物有机肥、复合肥等肥料（图3-3），一边施肥一边将肥料与土拌匀，避免肥料过于集中造成伤根。如回填后立即栽植，则种植穴内施用的农家肥应经过充分腐熟。丘陵柚园容易干旱，要修建充足的蓄水或灌水设施，一般应保证每亩有6～10米³的可用水源。

三、园地规划

（一）小区规划

果园小区是连片大型果园中的一个单位。小区的划分是指确定小区的位置、面积和形状等，要与果园所在地的地形、土壤及气候特点相适应，应当有利于果园管理，特别是有利于果园水土保持和机械化操作。园地选好以后，尤其对丘陵坡地面积较大的果园，用水平仪或经纬仪进行一次地形、地貌图的测定，标出等高线、山地、河流、面积、边界及现有设施，做好环境条件的各种说明，为具体设计规划提供依据。山地果园，土壤条件较为复杂，小区面积不宜过大。小区的形状以长方形为宜，使用农机具沿长边作业时，可以提高劳动效率。作业区要根据种植计划、劳动力、工作性质及管理方式来决定。

（二）道路与建筑物规划

道路的规划在建园开始前就应与小区的划分结合考虑。为管理和运输方便，应在果园中完善道路系统（图3-4），道路系统应与作业区、防护林、排灌系统、机械耕作系统相结合。一般大、中型果园要由主干道、支道和田间道三级道路组成。主干道是全园主要干线，要贯穿各个作业区，各区

图3-4　果园内部道路系统

以主干道为分界线。主干道路面要宽，在山地局限性很大的情况下至少要保持4～5米，除了行道树以外，可以通过2辆大卡车；小区支道连接主干道，一般宽3米左右，主干道和支道路面可以铺填石料，以方便车辆通行；田间道是为了配合机耕，多在山腰设置环山道，宽2～3米，铺石料或土壤路面均可。坡度较大的山地果园还要修建倾斜上山的道路，宽度与田间道相同，坡度不宜太大，以免拖拉机上山困难。各级道路的两旁修筑排水沟。各级道路也应和梯田一样保持一定的比例，避免道路积水。连接各级道路使果园形成道路网络，方便机械耕作，运输果实和肥料。

在山高坡陡、地形比较复杂、建设道路难度较大的地区，可以铺设绞车或轨道车运送物资。轨道车可沿山坡修建一条轨道，供车辆上下运输（图3-5）。

平地果园根据小区面积，合理设置主干道、支道和田间道，原则上以既方便农用机械通行又不浪费为宜。

图3-5　山地柚园沿坡向修建简易运输轨道

（三）水利设施

为方便灌溉、施肥和喷药，果园内必须规划有水池和药池。原则上，每10～15亩的果园修建一个水池，容积40～50米^3，用于贮水、沤制水肥；在水池旁边，紧挨水池修建药池1～2个（图3-6），每个药池容积准确定至1米^3，方便喷药时稀释药液。大型果园可建立果园管道灌溉、施肥、喷药系统（图3-7），一般由药水机、压力控制器和田间管网组成，可显著提高灌溉、施肥和喷药工效，减少水、肥、药的用量，提高劳动效率。随着水肥一体化技术的兴起和成熟，目前能用作水肥一体化施用的水溶性肥料

图3-6 果园内的水池与喷药池

图3-7 果园水肥药一体化系统

种类越来越多，且效果普遍较好。因此，可同时规划滴灌或喷灌系统，逐步实现灌溉、施肥甚至水肥药的一体化，提高效率，降低成本。

灌溉时，无论用明沟灌、暗沟灌，还是喷灌或滴灌，都要考虑到水源，水源有提灌引水及水库、河道等途径引水，现在山地果园中用得比较普遍的是提灌。提水装置和排灌系统，除各区有水泵及提水送水设备外，可在果园中心位置建立中心控制室，有条件的可以在中心控制室中安装计算机控制灌溉速度、时间及流量，并在有代表性的果园安装中子水分测定装置，测定柚树的需水时间及需水量。

微型喷灌除了满足柚树灌溉需要，还是世界上柑橘防寒的先进设备，每当低温袭击，微型喷灌可提高温度1～2℃。

四、苗木质量与种植

（一）适宜的砧木

砧木选择应当考虑当地气候和土质，宜选砧穗愈合良好，丰产优质，抗逆性强，品种纯正，生长健壮，根系完整，无检疫病虫害的优良品种做砧木。目前生产上柚类主要以酸柚作砧木，少量以枳壳作砧木。

1.酸柚（图3-8、图3-9） 根系发达，须根较少，主根深，亲和力强，适应性广，丰产性好，常绿，是柚类的优良砧木。酸柚资源丰富，类型较多，按果肉颜色分为红肉酸柚和白肉酸柚，按果实形状分为球形、扁球形和梨形。酸柚的主要特征：树干、枝条有刺，果实味酸，偶有苦、麻、辣等异味。

图3-9 酸柚砧沙田柚

图3-8 酸柚砧木苗

2.枳（图3-10、图3-11） 根系发达，须根多，主根浅，冬季落叶，用作柚类的砧木，树冠较开张，可提前开花结果。是目前应用最多、最广的柑橘砧木，对多数柑橘品种嫁接亲和力强，成活率高，早结丰产，较矮化，适应性强，耐寒、抗旱、耐瘠，较耐湿，不耐盐碱，对柑橘裂皮病和柑橘碎叶病敏感。

（二）苗木质量

苗木应选用品种纯正，砧木优良，根系完整，主、侧须根发达，主干正直，嫁接口愈合良好，叶片颜色浓绿，分枝3～4条或以上，无病虫害，生长健壮的无病苗木。目前生产上无病苗木分两种，一种是直接生长在土壤里的裸根苗（图3-12），另一种

图3-10　枳壳砧木苗

图3-11　枳壳砧沙田柚

是生长在塑料或无纺布加工而成的育苗桶、育苗袋等容器里的配方营养土中的容器苗（图3-13）。前者，由于挖苗时不能带土，所以，只能在春梢萌发前的秋冬季节种植，苗木定植后需要经过一段时间的恢复生长期即缓苗期才能发根，吸收水分和营养，成活率90%～100%，其生长速度和生长量比容器苗慢；后者，不用挖苗，没有伤根，苗木可一年四季种植，没有缓苗期，定植后根系生长与吸收水分和营养没有受到任何影响，成活率可达100%，且定植后生长快，生长量较之裸根苗大得多，往往可提前1年左右形成树冠，进入结果期。但容器苗成本较高，其价格比裸根苗高3～4元/株。不过，相比容器苗的提前结果来说，所增加的3～4

图3-13　塑料杯容器苗

图3-12　裸根苗

元苗木成本是很划算的。显然，如条件允许，在选择苗木时，最好选择无病容器苗。柚类苗木质量分级标准见表3-1。

表3-1　柚类苗木质量分级标准

砧木	级别	苗木径粗（厘米）	苗木高度（厘米）	分枝数量（条）
枳壳	1	≥0.8	≥50	3～4
	2	≥0.7	≥40	3
酸柚	1	≥1.1	≥60	3～4
	2	≥1.0	≥50	3

（三）种植密度

种植密度一般应考虑品种、砧木、气候、立地条件（地形、坡度、土壤、光照、水源等）和栽培技术等因素，详见表3-2。

表3-2　柚类种植参考密度

品种	砧木	山　地		平地或缓坡地	
		株行距（米）	种植密度（株/亩）	株行距（米）	种植密度（株/亩）
沙田柚桂柚1号	酸柚	4×6	28	3×5	44
	枳壳	4×5	33	3×4	55
蜜柚类	酸柚	(3～4)×(5～6)	28～44	3×5	44
	枳壳	(3～4)×(4～5)	33～55	3×4	55

（四）种植时期

裸根苗以春植和秋植为主，也可在夏初种植。春植在春梢开始萌动前，气温回升至15℃时开始；夏植在春梢老熟后的5月上旬前；秋植于10～12月初进行。容器苗定植不受时间限制，只要能

淋水且新梢已老熟，一年四季均可种植，但以春、秋季种植为好。

（五）苗木种植方法

1.裸根苗的种植 种植时，按直径30厘米、深30厘米的规格，在准备种植苗木的地方挖好种植苗木的土穴一个，然后在穴的底部施生物有机肥2.5～5.0千克、三元复合肥0.1～0.2千克、15%钙镁磷肥0.1千克并与土拌匀后盖上碎肥。根据天气及苗木情况，将苗木的根系和枝叶适度修剪后，用黄泥浆浆根，使裸露的根系沾满泥浆（图3-14），轻轻将苗木放入种植穴，舒展根系，扶正，边填细土边轻提苗木，使嫁接口露出地面约10厘米，适度踩紧表土后淋足定根水（图3-15），在树周围用土垒成一个直径约1米的树盘，树盘上盖上杂草、稻草或防草布、地布、黑

图3-14 裸根苗用黄泥浆浆根

色地膜。定植后，进行适当的修剪，结合定干短剪不老熟的嫩梢（图3-16）。

图3-15 淋足定根水

图3-16 短剪嫩梢

2.容器苗的种植 种植时，按上述种植裸根苗的要求，将种植穴准备好后，将容器苗搬至种植穴旁边，首先用剪刀将育苗桶或袋剪破，用手轻轻将育苗桶或袋与营养土分开（图3-17），然后将苗木轻轻地取出放入种植穴内（图3-18），避免营养土散开。在苗木周围填入疏松肥沃的细土，嫁接口露出地面约10厘米（图3-19），淋足定根水，在树苗周围用土垒成一个直径约1米的树盘，树盘上盖上杂草、稻草或防草布、地布、黑色地膜（图3-20）。

图3-17 用剪刀剪开塑料容器

图3-18 将取下容器后的苗木完好地立在种植穴处

图3-19 种植后筑成的树盘

图3-20 定植后用地布覆盖树盘

3.沙田柚配植授粉树 种植沙田柚时，按授粉树∶沙田柚为1∶（15～20）的比例，配植琯溪蜜柚、红肉蜜柚、三红蜜柚、桂柚1号、酸柚等作为人工异花授粉时的花粉来源树，授粉树可集中种植，也可分散种植。

幼树，一般是指自种植后至正常结果前的树，幼树期2～3年，第3、4年开始正常开花结果。幼树只有营养生长没有生殖生长。

一、土壤管理

（一）中耕松土

夏季高温多雨，杂草茂盛，若不及时铲除恶性杂草，则树盘内的肥料就会被恶性杂草消耗，影响树体的营养生长。同时，雨季容易造成土壤板结，不利于根系的生长和活动。所以，应保持树盘内无恶性杂草。在每个季度，在除掉恶性杂草的同时对树盘中耕1次，深度10～15厘米，保持树盘土壤疏松（图4-1）。

图4-1　树盘松土

图4-2　果园生草栽培

图4-3　果园株行间间种花生

（二）果园生草

在树盘内外，只要不是恶性杂草，则尽量保留（图4-2），特别是在秋冬季节，果园生草既可以保湿，又可以保持土壤温湿度的相对稳定，减少水土流失，增加有机质。

（三）合理间作

在封行前，树冠较小，株间行间空地较多，为了解决有机肥的来源问题，可在株行间间种各种矮生绿肥，如常年种植三叶草，春季种植花生、黄豆、绿豆、豇豆，冬季种植茹菜、萝卜、油菜等（图4-3）。

柚园不宜种植高秆、攀爬性或吸肥性强的作物，如甘蔗、木茹、玉米、南瓜、西瓜、甘薯等。

（四）树盘盖草

在高温多雨的春夏季，杂草生长快，如不能及时除草，则果园杂草丛生，影响到果园的正常管理和肥料的利用，但因雨水多，人工成本越来越高，所以人工除草不容易。为解决这一问题，可以在春夏季用杂草（图4-4）、稻草或地布、防草布、地膜（图4-5）等覆盖树盘，减少或避免杂草生长，保持土壤疏松。同时，在干旱的秋季，继续覆盖树盘，杂草、稻草等覆盖物厚5～8厘米，距离树干约5厘米，有利于保湿降温。冬季，对根系外露的树，可在树盘培入3～5厘米厚的肥沃土壤，保护根系。

图4-4　树盘覆盖杂草

图4-5　树盘覆盖黑色地膜

（五）深翻改土

柚类属多年生果树，正常情况下其经济寿命长达30年左右甚至更长，种植后固定在一个地方，每年从土壤中吸收大量的营养，虽然可从速效肥料中得到补充，但是，只靠施用速效肥料来补充是不够的，因为速效肥料没有改良土壤的作用，有时施用不当还会造成土壤板结，导致土壤结构恶化，不利于根系的活动。因此，必须每年或每两年进行一次深翻改土，通过挖深沟，施用有机肥料，增加土壤有机质，在补充土壤营养的同时，改良土壤结构，使土壤疏松肥沃，为根系生长创造良好的土壤环境条件。可在每年的6～7月或10～12月，在树冠一侧或两侧滴水线附近，挖长×宽×深为（1～1.5）米×（0.5～0.7）米×（0.6～0.8）米的施肥坑（图4-6、图4-7），坑内施入绿肥、杂草、农家肥、堆肥、生物有机肥、饼肥、石灰、磷肥等，肥料与土拌匀回填，挖坑位置逐年轮换。

图4-6　在树冠一侧挖长方形施肥坑
　　　　施有机肥

图4-7　在树冠两侧挖长方形施肥坑

二、肥水管理

（一）施肥原则

土壤施肥以有机肥为主，化肥为辅，以满足树体对各种营养元素的需求。

（二）土壤施肥

土壤施肥常采用浅沟施、深沟施等方法。施追肥时在树冠一侧或两侧滴水线附近挖深20～40厘米的条沟或环形沟，长度视树冠、施肥量而定。位置逐次轮换。

1.基肥的施用　基肥指在种植前或改良土壤时施用的肥料。主要作用是改良土壤、培肥地力，供给果树整个生长期所需要的养分，为树体生长发育创造良好的土壤条件。作基肥施用的肥料大多是迟效性的有机肥料。厩肥、堆肥、家畜粪、绿肥等是最常用的基肥。化肥中的钙镁磷肥、磷矿粉等均适宜作基肥施用。

基肥的施用深度通常在耕作层，和耕作土混合施用。柚园的基肥除了在种植前施用外，更主要的是在改良土壤过程中施用，一般是在夏季、冬季或早春季节施用，其施用方法有：

（1）坑施。在树冠滴水线附近，挖深40～60厘米、宽40～60厘米、长100～200厘米的长方形坑，将基肥与土回填入坑内（图4-8）。坑施一般用于幼龄果园和种植密度较小的成年果园。

（2）沟施。沿行向，在树冠滴水线附近挖与行同长、深40～60厘米、宽40～50厘米的通沟一条，沟内施入基肥（图4-9）。沟施用于种植密度较大的果园。

图4-8　有机肥坑施　　　　　　图4-9　开通沟深施有机肥

2.追肥的施用　追肥是指在柚类生长过程中施用的速效性肥料。追肥的作用主要是供应柚类抽梢、开花、坐果、果实膨大、成熟等不同生长发育时期对养分的及时需要，或者补充基肥量的不足。基肥和追肥应结合施用。追肥的施用方法主要有：

（1）浅沟施。在树冠滴水线附近，挖深15～25厘米、宽20～30厘米、长100～200厘米左右的条沟或环形沟（图4-10、图4-11），将追肥施入沟内后盖土。浅沟施一般适用于干性肥料的施用。

（2）淋施。在树盘松土的基础上，将液肥直接淋施在树盘土壤上；或按浅沟施的开沟方法开好沟后，将液肥淋施到沟内，施后不盖土。可反复多次施用，淋施适用于液肥如粪水、沼液、麸水及尿素、复合肥（提前浸泡）等既溶于水又不容易挥发的肥料的施用。

（3）水肥一体化。将水溶性肥料按一定的浓度溶入水池后，

图4-10 条形浅沟施肥

图4-11 圆形浅沟施肥

图4-12 柚园水肥一体化系统（滴灌）

通过滴灌带、滴灌管或微喷系统将水和肥料施到树盘土壤中（图4-12）。这种施用方法省工省料，肥料利用率较高，但施用次数较多，一般在旱地、旱季结合灌溉使用。

（三）叶面施肥

1.叶面施肥的作用 叶面追肥可及时补充树体急需的营养元素，因此，应用普遍，见效快。特别是在每次梢转绿老熟期喷施，对新梢转绿老熟具有良好的促进作用。可根据物候期，将速效性肥料按使用倍数兑水后均匀喷洒到叶片上，及时补充树体所缺乏的营养。

2.叶面施肥的种类与浓度 具体使用的叶面肥料种类、使用时期及其浓度详见表4-1。

表4-1　常用叶面肥料种类、使用浓度及时期

种　类	使用浓度（%）	使用时期	种　类	使用浓度（%）	使用时期
尿　素	0.2 ~ 0.3	新梢转绿期	硫酸铵	0.3	新梢转绿期
磷酸二氢钾	0.2 ~ 0.3	新梢转绿期	硫酸锰	0.1 ~ 0.2	新梢转绿期
三元复合肥	0.3 ~ 0.5	蕾期、新梢转绿期	硫酸亚铁	0.2	新梢转绿期
硫酸镁	0.1 ~ 0.2	新梢转绿期	柠檬酸铁	0.05 ~ 0.1	新梢转绿期
硫酸锌	0.1 ~ 0.2	新梢转绿期	硼　砂	0.1 ~ 0.2	蕾期、花期
硫酸钾	0.5 ~ 1.0	新梢转绿期	硼　酸	0.1 ~ 0.2	蕾期、花期

3.叶面肥的使用时期与方法　一般情况下，叶面肥一年四季都可以使用，但主要在春梢、夏梢、秋梢或晚秋梢叶片展叶至转绿期间使用居多。叶面肥既可以单一使用，也可以2 ~ 3种混合使用。具体是单一还是混合使用，主要取决于叶面肥所含的养分种类及使用的目的。如为了促进新梢尽快转绿老熟，既可以单独使用三元复合肥，也可以用尿素＋磷酸二氢钾、尿素＋磷酸二氢钾＋硫酸镁、尿素＋磷酸二氢钾＋硼砂或硼酸等。此外，也可以直接使用市面上销售的含有大量、中微量元素的商品叶面肥。

（四）幼树施肥

1.梢前肥　梢前肥即攻梢壮梢肥，是在每次新梢萌芽前施的速效肥料，作用主要是促使新梢多萌发、整齐、健壮。不同时期新梢施用时间有所差别，一般情况下，沟施肥在春梢萌芽前20天左右施完，夏秋梢在萌芽前15天左右施完，淋施或水肥一体化施

则在萌芽前7～10天施完。

建议株施肥量：以一年生树为例，二至三年生树逐年增加20%～40%。具体施肥量可根据果园条件选择以下一种。

（1）沟施。沟施尿素20～30克、复合肥50～75克1次。

（2）淋施。尿素25克、复合肥30～50克；或尿素15～20克+腐熟花生麸或菜麸水5千克（干麸25～50克）1次。

（3）水肥一体化。如用滴灌施，15天左右滴1次，共滴3次。每次施尿素5～7克、复合肥10～15克，或滴施其他含有大量、中微量元素的水溶性肥料。

2.壮梢肥 壮梢肥是在每次新梢展叶后至老熟前施用的速效肥料，作用主要是促进新梢转绿老熟、壮梢，确保新梢伸长与增粗，提高梢的质量。一般在新梢展叶后根据转绿老熟情况施用液肥1～2次。

建议株施肥量：具体施肥量可根据果园条件选择以下一种。

（1）淋施。一年生树，淋施尿素20～30克、腐熟花生麸或菜麸水5～10千克（干麸25～50克）1次。

（2）水肥一体化。新梢展叶后每15天左右滴施1次，共2次。每次尿素7～10克、复合肥15～20克或滴施其他含有大量、中微量元素的水溶性肥料。

3.冬季施肥 冬季施肥是在11～12月采用沟施的过冬肥。在树冠一侧或两侧开浅沟，施用复合肥、生物有机肥、菜麸或桐麸等肥料（图4-13）。

图4-13　冬季浅沟施肥

建议株施肥量：一年生树，复合肥0.25千克、生物有机肥1.5～2.5千克、腐熟菜麸或桐麸1～1.5千克；或按深翻改土的方法深施有机肥。

（五）水分管理

1.**灌溉** 灌溉水应无污染。在干旱的季节，根据叶片缺水情况及时进行灌溉，防止叶片萎蔫、卷叶、落叶。

2.**排水** 在多雨季节或地下水位高的果园，应及时疏通排灌系统，排除积水，以防积水泡根，导致烂根，诱发流胶病、根腐病，出现叶片黄化、树势衰弱、产量和果实品质下降甚至死亡的严重后果。因此，柚类不宜在水田、洼地、排水不畅处种植。

第五章
幼树的整形与修剪

柚树的整形就是应用各种修剪方法将树冠培养成开张、通风透光良好的树形；修剪就是运用各种修剪方法，控制枝梢的生长发育和树冠的变化，调节营养生长与生殖生长的平衡关系，维持通风透光、高产优质的树冠。

修剪按季节分为春季修剪、夏季修剪、秋季修剪和冬季修剪。修剪的目的是改善树体通风透光条件、培养充足的优质结果母枝、减轻病虫为害、提高产量、改善果实品质，提高经济效益。

春季修剪指立春后至立夏前进行的修剪；夏季修剪指立夏后到立秋前进行的修剪；秋季修剪指立秋后至立冬前进行的修剪；冬季修剪指立冬后到立春前进行的修剪。冬季温暖无冻害的地区，冬季修剪可在采果后的11月至翌年1月期间进行，冬季有冻害的产地，可在12月或2月上旬春梢萌发前半个月完成修剪。

一、适宜的树形

整形修剪时要根据品种与砧木的特性、种植密度、地形等的不同采用适宜的树形，以达到早结丰产优质的目的。柚类宜采用自然开心形或半自然开心形树形。

（一）自然开心形

干高40～50厘米，主干明显，主枝3～5条，主枝、侧枝分枝角度大，一般达到50°～70°，主枝上留侧枝2～4条，主枝、侧枝、枝组及外围枝开张或较开张，各级分枝以长枝为主，末级枝分布错落有致。这种树形树冠较开张，树冠上中层枝叶比半自然开心形多（图5-1）。在末级枝修剪时除疏剪外，有意少用重短剪（图5-2），尽量轻剪或不剪，保留长枝，促其分枝角度加大，避免出现直立枝，整个树冠叶幕层凹凸不平，呈错落有致的波浪状，通风透光条件较好，枯枝、病虫害少，较易达到高产优质。

图5-2 自然开心形树冠通透性好，内膛干枯枝少

图5-1 自然开心形树形

这种树形树冠高大，一般适用于稀植的蜜柚、沙田柚和桂柚1号等。修剪主要在每年冬季完成，夏、秋季节根据情况进行适当的补充修剪。

（二）半自然开心形

干高50～60厘米，主干明显，主枝4～5条，分枝角度

45°～60°，树冠明显分成2～3层（图5-3、图5-4）：中下层叶幕层与自然开心形树冠类似，侧枝或枝组较少；树冠上层主枝及其延长枝明显，主枝间隔大（图5-5），主枝上的短、弱侧枝以春梢居多（图5-6），通风透光条件较好。上、中、下层均容易结果，立体结果能力强（图5-7）。

这种树形树冠较高，一般适用于密植的柚树，每年集中在冬季重剪1次，

图5-3　半自然开心形树冠

图5-4　明显分成两层的
半自然开心形树冠

图5-5　半自然开心形树冠上部通透性较好

图5-6　半自然开心形树冠上部主枝上的侧枝

图5-7　半自然开心形树冠立体结果能力强

其他季节修剪量较少。在福建蜜柚产区及重庆晚白柚产区应用较普遍，广东、广西蜜柚产区部分采用，沙田柚、桂柚1号等应用较少。

二、整形修剪方法

整形修剪方法主要有摘心、抹芽控梢、短剪、疏剪、开天窗、环割、环剥和环扎等。

（一）摘心

在新梢自剪前将嫩梢顶芽摘掉，防止新梢过长，促进新梢转绿、老熟（图5-8）。

图5-8　摘　心

（二）抹芽控梢

在统一放梢前，将提前、零星抽出的嫩梢及时抹掉，待60%以上的新梢萌发时再统一放梢（图5-9）。

图5-9 抹芽控梢

（三）短剪

在统一放梢前12～15天，将过长的基枝剪一部分，留一部分，促进基枝抽发健壮新梢（图5-10）。

图5-10 短 剪

（四）疏剪

在嫩梢抽出2～3厘米时，将过多、过密的枝梢抹掉或剪掉，以使留下的枝梢不过密（图5-11）；或将树冠内的交叉枝或枝组从分枝处锯掉或剪掉（图5-12）。

图 5-11　疏剪（疏梢）

图 5-12　疏　剪

（五）开天窗

开天窗是疏剪的一种，是在树冠中上部某一位置疏掉若干条交叉、遮光大枝（图 5-13），让这个位置空出来，利于通风透光。

图 5-13　开天窗

图5-14　环　割

（六）环割

环割是用环割刀或其他刀具在主干或主枝上将树皮横向割断，深达木质部（图5-14），暂时阻断叶片光合产物向根运输。环割常用于柚类促进花芽分化或保果。

（七）环剥

环剥是用环剥刀在主干或主枝上横向剥1圈，剥掉1～2毫米宽的树皮，深达木质部（图5-15）。由于环剥口完全愈合需要的时间长达2个月左右，因此环剥可以长时间阻断叶片制造的光合产物向根运输。常常用于柚类促进花芽分化和蜜柚类的保果。但环剥需控制环剥口的宽度，且只限于长势过旺的树，弱树不宜环剥。

图5-15　环状剥皮

（八）环扎

环扎是用12～14号铁丝，在主干或主枝上横向环扎1圈，铁丝扭紧直至深陷入皮层甚至木质部（图5-16），待叶片褪绿、微黄时解除铁丝。作用与环割、环剥一样，但其时长与效果便于人为控制。

图5-16　环　扎

三、一年生树的修剪

(一) 修剪目的

定植第1年，裸根苗根系恢复生长慢，抽梢能力弱，新梢不整齐，有时只抽夏、秋梢；容器苗则不存在这个问题，定植后新梢抽出快、健壮、整齐。不管是裸根苗还是容器苗，一年生树的修剪目的主要是定好主干、留好主枝、副主枝和侧枝，为第2年树形的形成创造条件。

(二) 修剪技术

定植第1年，自然开心形与半自然开心形树冠的整形修剪技术一样。

1.**定植前或定植时的修剪** 对无分枝的单干苗，在离地面约50厘米高处短剪（图5-17）。对具有3条或3条以上分枝的优质苗木（图5-18），不需重新定干，只需将多于5条的弱枝或位置不合

图5-17 新植单干苗短剪定干　　　　图5-18 有3条分枝的苗木

理的健壮枝疏剪即可。

2.春季修剪　重新定干的树，在春梢抽出后选留健壮、分枝角度及位置合理的3～5条春梢作主枝（图5-19），多余的春梢抹掉；未重新定干的树，在每条主枝上选留2～3条健壮春梢培养成副主枝（图5-20）。

图5-19　重新定干后抽出5条强壮春梢 图5-20　未重新定干的树在主枝上留
　　　　　　　　　　　　　　　　　　　 2～3条春梢培养成副主枝

3.夏季修剪　重新定干的树，在春梢老熟后、放夏梢前12～15天，及时抹芽控梢，将春梢上先抽出的零星夏梢及时抹掉（图5-21），促其抽出2～3条夏梢作副主枝，多余的抹掉；未重新定干的树，在每条主枝上留夏梢2～3条培养成侧枝（图5-22）。

在夏梢老熟后、放秋梢前12～15天，将过长的夏梢留30～40厘米长短剪（图5-23）。秋梢抽出后选留健壮秋梢2～3条，

图5-21　及时抹掉单芽

图5-22　通过抹芽控梢促发末级梢均抽出夏梢

多余的秋梢及时疏掉。

　　在夏、秋梢生长期间，除徒长枝及时留30～40厘米长摘心（图5-24）外，其他枝条一般不用短剪或摘心。

图5-23　放秋梢前进行短剪

图5-24　徒长枝自剪前摘心

4. 冬季修剪　11 ～ 12 月，将树冠外围末级中等长枝或弱枝短剪 3 ～ 4 片叶，促其翌年抽出健壮春梢。

四、二年生树的修剪

（一）修剪目的

种植后的第 2 年，柚树根系比较发达，当年的各次新梢抽发整齐、数量较多。经第 1 年的整形修剪，已初步形成树冠。第 2 年修剪的目的是形成预期的树形，促使开心树冠早日形成，为第 3 年开花结果打下良好的基础。

（二）修剪技术

1. 自然开心形树冠的整形修剪

（1）春季修剪。春梢抽出 3 ～ 5 厘米长时，选留健壮、分枝角度及位置合理的春梢 2 ～ 4 条（图 5-25），多余的抹掉。

（2）夏季修剪。春梢老熟后、放夏梢前 15 天左右，及时抹芽控梢，将零星抽出的夏梢及时抹掉，促使末级梢抽出夏梢 2 ～ 4 条，多余的抹掉。徒长枝或无分枝的长枝留 40 厘米长左右摘心或短剪（图 5-26）。

夏梢老熟后、放秋梢前 15 天左右，将过长的夏梢留 30 ～ 40 厘米长短剪（图 5-27），树冠中上部的其余末级中等长枝和弱枝，短剪 3 ～ 4 片叶即可。

图 5-25　无分枝和强壮长枝短剪后抽出的新梢

图5-26　通过抹芽控梢促使抽出3条夏梢

图5-27　夏梢老熟后留40～45厘米长短剪

　　秋梢萌发时，宜进行1～2次抹芽控梢，待60%以上的秋梢萌发时再统一放梢（图5-28）。嫩梢过多过密时应适当疏梢，有秋梢的末级枝留秋梢2～3条。

　　（3）冬季修剪。11～12月，对树冠外围长势中庸或偏弱的末级梢短剪3～4片叶，促其翌年春季抽出春梢；同时疏剪病虫枝、干枯枝和交叉枝，短剪直立无分枝的强壮长枝（图5-29）。

图5-28　大部分新梢抽出时再统一放梢

图5-29　短剪树冠外围直立无分枝的强壮长枝

2. 半自然开心形树冠的整形修剪 这种树形的修剪重点在夏季和冬季。夏季修剪以轻剪为主，冬季修剪以重剪为主。

（1）春季修剪。春梢抽出后，有春梢的末级梢只留春梢2～4条，多余的抹掉。其中最壮的1条春梢培养为主枝延长枝。

（2）夏季修剪。放夏梢前12～15天，短剪树冠中上部外围末级梢3～4片叶；统一放夏梢前，抹芽控梢1～2次，待60%左右夏梢萌发时统一放梢。夏梢抽出后，多于4条的在其长3厘米左右时疏掉，徒长枝在自剪前留长35厘米左右摘心。

放秋梢前15天左右进行夏季修剪。在主枝上选留强壮的夏梢1条，短剪1/4～1/3（图5-30），促其抽出健壮秋梢，其余的夏梢留35～40厘米长短剪。疏剪病虫枝、干枯枝，内膛弱枝、无叶枝保留。

秋梢萌发时进行1～2次抹芽控梢，待60%左右秋梢萌发时再统一放梢。

（3）冬季修剪。11～12月进行。在主枝延长枝上，选1条健壮的秋梢短剪1/4左右（图5-31），其余秋梢或其他末级梢短剪3～4片叶。如有干枯枝、溃疡病枝叶等病虫枝，则及时疏剪，交叉枝适当疏剪；树冠中下部及内膛弱枝、无叶枝保留。

图5-30　短剪过长的夏梢　　　　图5-31　短剪强壮主枝延长枝

五、三年生树的修剪

(一) 修剪目的

种植后的第3年，根系发达，新梢抽发整齐，数量多。经第2年的整形修剪，已形成树冠，管理水平高的果园开始开花结果。第3年修剪目的是促使开心形树冠尽快扩大，为高产优质打下基础。

初结果树，树冠需继续扩大，因此，还要正常放春、夏、秋梢。但在溃疡病严重的果园，可不放夏梢，只放春梢和秋梢，以免因夏季高温多雨，无法及时喷药导致溃疡病加重。不放夏梢的果园，夏季修剪以控抹夏梢为主。

(二) 修剪技术

1. 自然开心形树冠的修剪

（1）春季修剪。春梢抽出3厘米左右时，将过多过密的春梢抹掉，每条末级梢只留春梢2～3条。

在花蕾期，对花量过大的树，及时进行疏花序或疏花蕾，减少养分消耗，提高花的质量。根据树冠大小、花量大小及计划结果数量，每一结果母枝或枝组只留1～2个花序或3～5朵花蕾。单株留花数量可按最终结果量的3～4倍确定。

（2）夏季修剪。在春梢老熟后、放夏梢前10～15天，及时抹芽控梢1～2次，待大部分夏梢抽出或大部分末级梢抽出2条以上夏梢时，统一放梢。

在夏梢老熟后、放秋梢前15天，将过长的夏梢留30～40厘米长短剪。秋梢萌发时，抹芽控梢1～2次。秋梢抽出后只留健壮的2～4条，多余的及时疏掉。

夏、秋梢老熟后，若出现徒长枝，则及时留30～40厘米长短剪。

（3）冬季修剪。一般在11月至翌年1月进行。首先疏剪树冠内膛干枯枝和全部的病虫枝（图5-32）；其次短剪树冠外围徒长枝1/5 ～ 1/4（图5-33）和无分枝的健壮枝（图5-34）；第三是将树冠中下部交叉枝疏剪或短剪1/3 ～ 1/2（图5-35）。

图5-32　疏剪溃疡病病枝

图5-33　短剪树冠外围徒长枝

图5-34　短剪树冠外围健壮枝

图5-35　疏剪树冠中部交叉枝

2.半自然开心形树冠的修剪

（1）春季修剪。春梢抽出后，在主枝延长枝上选留健壮、分枝角度最小的1条春梢作主枝延长枝，其余的壮梢抹掉，而短弱的春梢保留；其他末级梢上的春梢留2～3条，多余的及时抹掉。

（2）夏季修剪。放夏梢前15天左右，及时抹芽控梢，将春梢上抽出的单个夏芽及时抹掉，促其抽出2～3条夏梢。

在放秋梢前15天左右，选留主枝延长枝上分枝角度小、健壮的夏枝1条培养为主枝延长枝，其余的夏梢留15～20厘米长短剪。秋梢抽出后，继续留1条作为主枝延长枝培养，其余2～3条健壮秋梢，待冬季修剪时短剪1/2～2/3，促使春梢萌发。

（3）冬季修剪。11月至翌年1月进行。首先疏剪树冠内膛干枯枝、树冠中下部交叉枝和全部的病虫枝；其次适当疏剪树冠内膛扰乱树形、影响光照的直立枝（图5-36）和树冠中上部强壮直立枝（图5-37）；第三是将树冠上部主枝上的健壮侧枝进行适当疏剪（图5-38），只留弱的侧枝或枝组作为结果母枝；四是将主枝的末级延长枝短剪1/5～1/4（图5-39），但主枝上长15厘米左右的短、弱枝（图5-40）作为结果母枝要保留。

不管何时修剪，都要注意保留树冠内膛、中上部有叶或无叶的弱枝（图5-41），因为这些枝条是翌年优质的结果母枝。

图5-36　疏剪内膛扰乱树形、影响通
　　　　透的直立大枝

图5-37　疏剪树冠上部强壮直立枝

图5-38 疏剪主枝上的健壮侧枝

图5-39 短剪主枝延长枝

图5-40 保留主枝、侧枝上的弱枝

图5-41 保留树冠中下部主枝侧枝上的分枝角度大的弱枝（组）

第六章
开花结果习性与花果的发育

　　柚类栽培的目的是获得高产优质果实，其前提是每年能正常开花，花的数量适当、质量好。但生产上，经常出现因施肥、修剪或促花时期不当而导致柚树无花、少花，果树变成了风景树，难以获得收益。因此，如何采取适当的技术措施保证花芽分化的顺利进行以及正常的坐果就成为柚类栽培的关键环节。

一、花芽分化的作用

　　柚类定植后3～4年才开花结果。在柚类结果树正常的年生长周期中，既进行着抽梢、生根等营养生长，又同时伴随着花芽分化、开花、授粉受精、果实与种子生长发育等生殖生长。营养生长与生殖生长既互相制约又互相依赖，生殖生长依靠营养生长积累营养，但过旺的营养生长也会抑制生殖生长，同样，生殖生长过旺也会抑制营养生长，导致树势衰退，甚至影响新梢的萌发与生长。

　　柚类的开花结果是生殖生长与营养生长相互调节的复杂的生理过程。只有掌握开花结果习性，才能采取科学的技术措施，平衡营养生长与生殖生长，确保既长根、抽梢又开花结果，实现优质高效栽培。

二、花芽类型与部位

花芽分化是开花结果的前提，只有掌握花芽分化与发育的规律，才能有效地促进或抑制花芽分化，控制花量、花质与果实产量。所以，对花芽分化和发育的研究，直接关系着能否顺利开花结果。

（一）花芽的类型

花芽是能发育成花或花序的芽。柚类的花芽根据其是否同时分化有叶，可分为两个类型。

1. **混合花芽**　春梢萌发后，先抽出若干片叶后再生花蕾的芽，萌发后为有叶花（图6-1）。这种花芽只占极少数，偶有发现。

2. **纯花芽**　春梢萌发后不长叶片，只长花蕾的芽，萌发后为无叶花（图6-2）。这种花芽占绝大多数。

图6-2　只长花蕾的无叶花

图6-1　先长叶片再长花蕾的有叶花

（二）花芽分化的部位

柚类花芽分化的部位因树龄、树势、是否用生长调节剂或环扎处理而异。一年生或一年生以上的春梢是柚类的主要结果母枝（图6-3、图6-4），初结果或青壮年结果树的结果母枝，主要分布在树冠的中下部（图6-5），随着树龄的增长其逐步往树冠中上部转移，直至扩展至全树。但在用生长调节剂或环扎处理时，部分分布于树冠中上部的一年或一年生以上的秋梢也会成为结果母枝（图6-6）。因此，在修剪时，应保留树冠内膛的无叶和有叶春梢，不能将这些枝条作为弱枝、阴枝疏剪掉。

图6-3　一年生春梢结果母枝

图6-4　多年生春梢结果母枝

图6-5　初结果树的结果母枝集中分
　　　布于树冠的中下部

图6-6　秋梢结果母枝

三、花芽分化时期

柚类花芽分化期与柑橘其他品种一样，因环境特别是气温条件的不同而异。以沙田柚为例，在广西桂林，沙田柚花芽分化始于9月中下旬，9月中旬至10月上旬为叶芽期即生理分化期（图6-7），历时10～15天；11月下旬至翌年1月中下旬为花芽分化初期（图6-8、图6-9），历时40～52天；12月中旬至翌年2月上中旬为萼片分化期（图6-10），历时45～57天；2月上旬至2月下旬、3月初为花瓣分化期（图6-11），历时12～16天；2月中旬至2月下旬或3月上旬至3月中旬为雌雄蕊分化期（图6-12），历时10～13天。从分化始期至雌雄蕊分化结束，历时160～183天，共5～6个月（表6-1）。

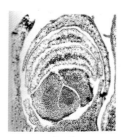
图6-7　花芽生理分化期

图6-8　花芽分化初期的前期

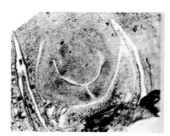
图6-9　花芽分化初期的后期

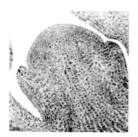
图6-10　萼片分化期

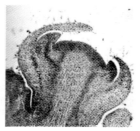
图6-11　花瓣形成期

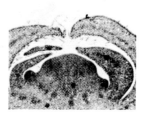
图6-12　雌雄蕊形成期

表6-1　桂林市沙田柚花芽分化时期及各时期历时

年度		叶芽期	分化初期	萼片分化期	花瓣分化期	雌雄蕊分化期	花芽分化历时
1986/1987	时期（月.日）	9.20 ~ 10.5	12.15 ~ 1.25	12.15 ~ 1.30	2.3 ~ 2.15	2.16 ~ 2.26	9.20 ~ 2.26
	历时（天）	15	40	45	12	10	160
1987/1988	时期（月.日）	9.20 ~ 9.30	12.5 ~ 1.27	12.20 ~ 2.15	2.18 ~ 3.12	3.8 ~ 3.20	9.20 ~ 3.20
	历时（天）	10	52	57	14	13	183
1988/1989	时期（月.日）	9.18 ~ 9.28	11.29 ~ 1.20	12.15 ~ 2.10	2.13 ~ 2.28	3.5 ~ 3.15	9.18 ~ 3.15
	历时（天）	10	52	57	16	11	179

　　在广西南宁，沙田柚花芽生理分化最早始于9月23日，10月中旬达分化盛期（分化率超过50%），直至翌年1月下旬仍有少量芽处于生理分化期，但分化初期主要集中在10月中旬至12月中旬；10月22日，首次观察到萼片分化，直至翌年2月上旬仍有少量芽处于萼片分化期；花瓣分化最早始于翌年1月20日，至2月中旬基本形成，历时约1个月；雄蕊分化始于2月17日，雌蕊分化始于2月24日，此时已是蕾期。南宁与桂林纬度相差2°31′，导致其间气温相差较大，进而造成花芽分化时期的不同。1987年9月的气温，南宁市比桂林市高1.8℃，但上下旬气温降幅相差较大（表6-2），所以，沙田柚在两地的花芽生理分化期相差较远，在南宁大约在10月中旬，在桂林为9月下旬；但进入形态分化期后，南宁的月平均气温比桂林高4℃左右，因此，南宁形态分化期的开始与结束均比桂林早，萼片分化期、雌雄蕊分化结束期均提前约1个月。花芽分化期的这种差异，导致了南宁的花期比桂林早约1个月。

表6-2　桂林市与南宁市气温的比较

地名	所处纬度	年均气温（℃）	1987年9月平均气温（℃）	1987年10月至1988年3月月平均气温（℃）	1987年9月气温降幅（℃）	
					上旬与中旬	上旬与下旬
桂林	北纬25°20′	18.6	24.7	11.9	2.5	3.7
南宁	北纬22°49′	21.8	26.5	15.9	1.0	3.3

四、影响花芽分化的因素

影响花芽分化的主要因素有砧木、树势、气温、光照、水分、激素、栽培措施等。

（一）砧木对花芽分化的影响

柚类砧木主要有酸柚、枳壳和沙田柚等，其中酸柚和沙田柚砧长势旺，树冠直立性强，用来嫁接柚类，在不进行任何处理的情况下，往往到种植后第3年才有零星树开花，第4年才能正常开花。进入结果期后，通常需要采用环割、环扎、叶面喷施生长抑制剂等措施来促进花芽分化；枳壳砧长势较弱，树冠开张，用来嫁接柚类往往种植后第3年正常开花，结果后促花相对容易。

（二）树势对花芽分化的影响

柚类的花芽分化与树势关系十分密切。偏施氮肥、初结果树、酸柚砧、修剪时经常采用强短剪的树，树势容易过旺，枝条粗壮，营养生长消耗的营养过多，树体积累的养分减少，促进生长的激素水平较高，而抑制生长的激素水平过低，花芽分化受到抑制，花少或无花。

树势稍弱的树，营养生长弱，生殖生长较旺，容易进行花芽分化，但花的质量较差，坐果率极低或坐不了果。如1986年笔者调查的长期环扎沙田柚大枝的结果母枝、花量均明显增多（表6-3）。

表6-3 环扎大枝对沙田柚成花与坐果的影响

大枝编号	总梢数（条）	结果母枝		营养枝		结果母枝花量与坐果率		
		数量（条）	占比（%）	数量（条）	占比（%）	总花量（朵）	每枝花量（朵）	坐果率（%）
环扎1	287	204	71.08	83.0	28.92	718.0	8.4	0
环扎2	213	88	41.31	125.0	58.69	795.0	9.0	0
平均	250	146	58.40	104.0	43.81	756.5	8.7	0
对照	272.6	42.3	15.52	230.3	84.48	240.5	5.7	2.78

（三）降雨对花芽分化的影响

花芽生理分化前的8月下旬至10月上中旬，降雨多会使土壤含水量提高，树液浓度下降，花芽生理分化受到一定的抑制，翌年的花量相应减少。相反，同期降雨或淋水少，土壤含水量下降，有利于花芽生理分化，翌年的花量相应增加。

（四）光照对花芽分化的影响

经常修剪、果园通风透光条件好的果园，柚树生长健壮，树体无效枝叶少，叶片光合效能提高，可为花芽分化积累充足的养分，花芽分化顺利（图6-13）。

缺乏修剪或修剪不当的果园，通风透光条件差，树体荫蔽、病虫枝及不见光的无效叶片增多，养分消耗增加，积累减少，不利于花芽分化，花少、花质差（图6-14），坐果率低。

图6-13　通透条件好的树冠容易成花　　　　图6-14　内膛荫蔽的树花少

（五）产量高低及采果早晚对花芽分化的影响

高产年份，结果多，树体消耗营养较多，如果施肥跟不上，特别是采果迟的情况下，花芽分化会受到不利的影响；相反，产量中等，采果及时的树，花芽分化比较顺利，翌年的花量更有保证。

（六）激素对花芽分化的影响

花芽分化能否顺利进行取决于树体促进开花激素与抑制开花激素间的平衡关系，因为这两类激素间的平衡制约着养分在营养组织与生殖组织中的供应与分配。在植物体内，细胞分裂素、脱落酸和乙烯是促进花芽分化的内源激素，赤霉素是抑制花芽分化的激素。如果抑制花芽分化的激素含量水平高，则不容易形成花芽，反之则容易成花。甘霖等（1987）对温州蜜柑环割促花的结果表明，在花芽生理分化期环割，可大幅度提高生理分化期及形态分化初期叶片中的细胞分裂素与脱落酸的含量，不环割的对照也增加，但幅度小。因此，在生理分化期环割可以促进花芽分化。果树经拉枝、扭枝后，枝条内部乙烯含量增加10倍之多，花芽也随之增多。以上结果表明，激素平衡对花芽生理分化具有决定性的作用，可通过叶面喷施或淋施外源生长调节剂调控花芽分化，达到增加或减少花量的目的。

五、促进花芽分化的措施

（一）促花目的

促花就是促进花芽分化。柚类砧木大多数为酸柚砧或沙田柚砧，初结果树、成年结果树长势旺，生殖生长与营养生长不平衡，经常出现无花或少花现象。因此，促花的目的就是确保旺树顺利进行花芽分化，形成数量合适、质优的花芽，为翌年的高产打下基础。

（二）促花对象

促花针对的是生长过旺的初结果树、成年结果树，弱树一般不需要促花。

（三）促花时期

促花时期因各地气候条件、物候期特别是花芽生理分化时期的不同而异。沙田柚的花芽分化时期不同于其他柑橘类果树，其花芽生理分化期提前至9月中下旬至10月中旬，因此调节花芽分化的时期应提前至9月上中旬。生产上很多果园采用环割、环扎、环剥或生长调节剂处理促进旺树花芽分化效果不理想，甚至没有效果，主要原因是处理的时期过迟，即参照其他果树花芽分化时期来确定处理时期。所以在促进旺树的花芽分化时，采取措施的时期最迟不迟于10月上旬，否则效果不理想。最理想的时期是9月上中旬，其中桂南地区以9月下旬至10月上旬为宜，桂中、桂北以9月中旬为宜。只有这样才能保证旺树顺利形成花芽。

（四）促花技术

1.培养量多质优的结果母枝 柚类结果母枝以一年生及以上的春梢为主，少量为秋梢、夏梢，因此，修剪时尽量保留树冠内膛弱枝、无叶枝，当年春梢除过多过密的进行适当疏剪外，应尽量保留。施肥时，春梢萌芽前15～20天的萌芽肥一定要及时施，肥料以速效性肥料如复合肥、尿素、人畜粪尿、沼液、麸水或含中微量元素的氨基酸类冲施肥为主。

2.合理修剪，改善通风透光条件 沙田柚的结果母枝大部分分布于树冠内膛和中下部，树冠外围较少，而沙田柚树冠高大，枝繁叶茂，故往往造成内膛和下部光照、通风不良，结果母枝过于细弱，甚至枯死（图6-15）。因此，修剪时必须适当疏删树冠中上部尤其是顶部1～4厘米粗的密生枝、交叉枝或和衰退枝；对成片种植的柚园，还要坚持每年或隔年回缩株行间的交叉枝和衰退枝以让光照充分透进树冠内膛和中下部，避免结果母枝枯死，提高结果母枝和花芽质量，

图6-15 树冠密闭，结果母枝严重干枯

同时改善通风条件，减少病虫发生。而对株间、行间均已交叉的密闭果园，可在6月（此时生理落果已结束）将树冠中上部直立、交叉、遮挡光照的直径2～5厘米的大枝从基部锯掉；同时将株间的交叉枝回缩，在株间留出约40厘米的间距，剪掉干枯枝和近地面的铺地枝。或在树冠的东、南、西、北四个方向的叶幕层，各将一直径2～3厘米的交叉枝从基部锯掉，而树冠顶部的直立枝保留，同时将株间的交叉枝回缩，在株间留出约50厘米的间距，剪掉干枯枝和近地面的铺地枝，使整个叶幕层呈层次分明的波浪状。

3.适当控水，保持土壤适度干旱 花芽生理分化前的8月下旬

至9月上中旬，正值干旱季节。在淋水抗旱期间，适当控制淋水量和次数，避免土壤含水量持续过高。只要不出现卷叶、落叶现象，或白天叶片微卷，傍晚恢复正常，则不淋水或少淋水。

4.控制氮肥施用量，避免柚树徒长 施肥时以有机肥为主，化肥为辅，控制氮肥用量，避免枝叶徒长。

5.环割、环剥或环扎促花 根据产区气候条件的不同，在9月上中旬至10月上旬，采用主干或主枝环割2～3圈（图6-16）或环剥1圈（图6-17），或用14号铁丝环扎主干、主枝，以铁丝深陷至木质部为宜（图6-18），扎至叶片开始褪绿时解除。

图6-16 环割2圈促进花芽分化

图6-17 环剥促花

图6-18 环扎促花

6.叶面喷施多效唑 于9月上中旬，全树叶面喷施15%多效唑可湿性粉剂300～500倍液或25%多效唑乳油500～800倍液，间隔10～15天再喷第2次。

7.土壤淋施多效唑 于9月上中旬，在树冠滴水线附近，开2条环形浅沟，沟深15～20厘米（图6-19），株施充分溶解后的15%多效唑可湿性粉剂4～40克或25%多效唑乳油3～30克。

图6-19 开浅沟施多效唑

六、开花结果习性

沙田柚自交不亲和，人工自花授粉坐果率仅0.06%～0.47%，需要通过异花授粉如用酸柚、蜜柚、桂柚1号花粉进行人工异花授粉才能正常结果；蜜柚、桂柚1号则为自交亲和品种，自花授粉可以正常结果，不需进行异花授粉。

沙田柚、桂柚1号均以一年生和一年生以上的春梢特别是树冠内膛、中下部无叶或有叶的短弱春梢为主要结果母枝，少量的夏梢或秋梢为结果母枝；但在用多效唑促花的情况下，夏梢特别是秋梢结果母枝的比例会明显提高。

据调查，沙田柚初结果树春、夏、秋梢均可成为结果母枝，占调查春、夏、秋梢总数的比例分别为27%、11%和17%，但仍以春梢为主；16年和20年的成年结果树，由于夏梢、秋梢极少抽出，因此，其结果母枝全部为春梢，分别占调查春梢数量的52.0%和60.75%（表6-4）。

表6-4　不同树龄沙田柚结果母枝构成比例调查结果

年份	树龄（年）	株数	春梢结果母枝			夏梢结果母枝			秋梢结果母枝		
			春梢数量（条）	开花春梢数量（条）	结果母枝占比（%）	夏梢数量（条）	开花春梢数量（条）	结果母枝占比（%）	秋梢数量（条）	开花春梢数量（条）	结果母枝占比（%）
1981	16	3	300	156	52.00	0	0	0	0	0	0
1983	20	4	293	178	60.75	0	0	0	0	0	0
1985	4	5	100	27	27.0	100	11	11.00	100	17	17.00

桂柚1号以春梢结果母枝结果为主，一年生春梢结果母枝占55.22%、一年生以上春梢结果母枝占35.27%，二者合计占比高达90.49%；一年生及以上夏梢占0.23%，一年生秋梢占8.12%，

一年生以上秋梢占1.16%，三者合计仅占9.51%。结果枝以无叶花序花为主，占86.03%，有叶花序花占7.71%，无叶或有叶单花分别占0.79%和1.04%（表6-5）。

表6-5　四年生桂柚1号结果母枝构成比例调查结果

项　目		株　号			平均	占比 (%)
		1	2	3		
各类型结果母枝数量（条）	一年生春梢	108	62	68	79.33	55.22
	一年生以上春梢	51	25	76	50.67	35.27
	一年生秋梢	26		9	11.67	8.12
	一年生以上秋梢			5	1.67	1.16
	一年生及以上夏梢			1	0.33	0.23

七、生理落果规律

柚类的花蕾、花、幼果在生长发育过程中，因组织衰老、离层的产生而非机械或外力的作用而导致的脱落，这种落果称之为生理落果。生理落果是树体自身为维持树势、保持生殖生长与营养生长间的相对平衡，进而维持其生存而进行的一种自我生理调节的过程。

（一）生理落果类型

生理落果按照脱落时期的不同分为落蕾、落花和落果；按照产生离层的部位不同，可分为第一次生理落果与第二次生理落果。第一次生理落果也叫带梗落果，离层在果柄与结果母枝或结果枝之间形成，花蕾、花或幼果带果柄一起脱落（图6-20）；第二次生理落果也叫不带梗落果，离层在果柄与幼果之间形成，幼果不带果柄脱落（图6-21），果柄暂时留在结果母枝或结果枝上，第二次

图6-20　第一次生理落果　　　　图6-21　第二次生理落果

生理落果只是幼果的脱落，此期已没有落蕾与落花。

（二）生理落果构成与曲线

1.生理落果构成　柚类的生理落果构成因品种、年份的不同而存在很大的差异，沙田柚以落花最多，落蕾次之，落果最少（表6-6）；而桂柚1号因为自花结果，幼果数量特别多，所以其生理落果以落果最多，其次是落花、落蕾（表6-7）。

表6-6　沙田柚生理落果的构成

项　目		总花量	花蕾	正常花	畸形花	幼果
1989年	数量（朵、个）	3 608.5	781.0	1 505.25	551.75	685.0
	占总花量的比例（%）	100.0	21.64	41.71	15.29	18.98

表6-7　桂柚1号生理落果的构成

项　目		总花量	花蕾	正常花	畸形花	幼果
2012年	数量（朵、个）	3 593	654	859	92	1 988
	占总花量的比例（%）	100.0	18.20	23.91	2.56	55.33
2013年	数量（朵、个）	7 086	477	3 019	14	3 576
	占总花量的比例（%）	100.0	6.73	42.61	0.19	50.47

注：表中数据为3株树的平均数。

2.生理落果曲线　不同年份、不同品种的生理落果曲线存在较大的差异。以桂柚1号为例,2012年、2013年生理落果时间、构成、曲线变化趋势等均相差较大。2012年,桂柚1号的生理落果从4月上旬开始,6月下旬结束,持续近3个月,其中落花高峰期在4月22～30日,第一次生理落果从4月下旬持续到5月下旬,5月2日、7日出现两次落果高峰,第二次生理落果由5月上旬持续到6月下旬,5月2～4日、8～12日出现两次落果高峰,坐果率2.9%(图6-22);2013年,桂柚1号生理落果从3月下旬开始至6月中旬结束,持续近3个月,落花高峰期出现在3月30日至4月7日,第一次生理落果从4月上旬持续到5月中旬,4月4～6日为落果高峰期,第二次生理落果由4月中旬持续到6月中旬,4月19日至5月5日为落果高峰期,坐果率1.7%(图6-23)。

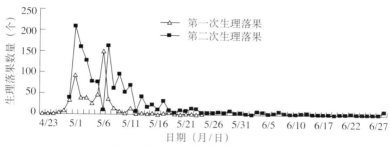

图6-22　2012年桂柚1号生理落果曲线图

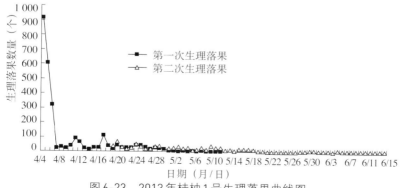

图6-23　2013年桂柚1号生理落果曲线图

八、生理落果的原因

柚类生理落果主要受授粉、受精、激素、营养、光照、气温、病虫害等的影响。

（一）花的质量与生理落果

花芽发育是否正常与生理落果关系密切。花粉发育正常，花的质量优良，坐果率提高，相反，花粉发育不良，花蕾小或畸形花多（图6-24），花粉量少，花粉活力下降，生理落果加重。如畸形花，因柱头外露，授粉受精不能正常进行，极大多数在花期脱落。

图6-24　花小花弱，容易落花

（二）花果量与生理落果

花量或幼果量太大，花蕾、幼果间及其与春梢间的养分矛盾加重，部分花或幼果的养分供应不足，因此会加重生理落果（表6-8、表6-9）。

表6-8　花的质量、幼果量与沙田柚生理落果的关系（1989年）

株号	总花量（朵）	畸形花量（朵）	幼果量（个）	落果率（%）
1	6 223	933	966	98.43
2	3 676	525	924	97.56
3	3 223	477	764	97.61
4	1 313	272	428	95.28

表6-9　花量与沙田柚生理落果的关系（1990年）

株号	总花量（朵）	畸形花量（朵）	落果率（%）
1	3 952	912	97.27
2	2 782	636	97.02
3	2 576	439	96.74
4	1 920	300	96.09

（三）树势与生理落果

树势健壮，花、幼果与春梢、夏梢间的营养较均衡，生理落果较轻，坐果率较高。树势弱，花芽发育不良，花质量下降，生理落果加重，如长期环扎的大枝，结果母枝多、花量大，但坐果率为零（表6-3）。但是，树势过旺会导致春梢、夏梢萌发过多，生理落果也会加重。所以，生产上通过花期或生理落果开始前环割，可提高柚类旺长树的坐果率。

（四）授粉受精与生理落果

在生理落果的前期，授粉受精质量的优劣及是否进行了受精，是决定生理落果轻重的关键因素。秦绪雄等（1988）的研究结果表明，沙田柚自花授粉后，幼果在第3天脱落49%，第7天脱落94%，第21天全部脱落。酸柚授粉后，沙田柚幼果第7天时仅脱落57%，第14天脱落63%，第21天脱落84%，此后不再出现明显的脱落。之所以如此，是因为沙田柚自交不亲和，需要酸柚等其他品种的花粉授粉才能完成受精过程。

（五）激素与生理落果

生理落果前，果柄与结果母枝、结果枝或幼果间先形成离层，离层细胞分散裂开导致落果，而离层的形成与多种激素有关。

生长素（IAA）与生理落果呈高度的负相关，它对果实生长与离层发育的抑制是必要的。秦绪雄等（1988）的研究结果表明，授粉1天后，自花与酸柚授粉的沙田柚子房生长素含量比授粉时提高了3～4倍，授粉后第3天，酸柚授粉的子房，其生长素含量出现第一个高峰，自花授粉的已下降至比开花时更低的水平。生长素含量的急剧下降，导致了自花授粉沙田柚的严重落果。

赤霉素（GA）可抑制吲哚乙酸（IAA）氧化酶的产生，防止IAA的分解；GA处理促进了IAA的产生，刺激树体生理代谢物质由营养器官流向幼果，从而抑制落果。因此，在生理落果期用GA_3处理无籽的蜜柚可减轻生理落，提高坐果率。GA_3含量与授粉、花粉管生长快慢有关。不同授粉沙田柚子房内GA_3活性测定结果表明，GA_3含量的变化与IAA相似。在形成花蕾时含量较高，开花时明显下降。酸柚授粉后3天内有所上升，第3天时出现小高峰，之后稍有下降，第5天时又开始上升，第14天时出现最大值，以后呈下降趋势。最大值的出现与细胞分裂素（CTK）含量出现高峰时间一致。高浓度的GA与CTK的共同作用使沙田柚幼果迅速膨大，果实脱落受到抑制，落果明显少于自花授粉处理。

自花授粉后，花粉管伸长生长缓慢，GA合成能力下降，GA_3含量处于很低水平，没有出现GA含量的上升。因此，自花授粉后21天内幼果全部脱落。

细胞分裂素被认为可防止器官组织的衰老，促进细嫩组织细胞的分裂与膨大，促进代谢物质向细胞分裂素含量高的器官组织转移。因此与落果及幼果发育关系密切，可抑制生理落果。

沙田柚子房内源玉米素含量（Zeatin，常见活性最大的一种细胞分裂素）在接近开花至开花期，一直处于较高水平并维持相对稳定。酸柚授粉后7天内基本维持花期的水平且略有上升，至授粉后第14天时出现最大值，其含量是开花时的3倍多，之后略有下降，但仍维持较高的水平；自花授粉后，沙田柚幼果内源玉米素含量不但不能维持开花时的水平，反而在授粉后第1天开始急剧下降。

对脱落有促进作用的是脱落酸（ABA）。它具有抑制生长、促进组织器官衰老和脱落的作用。对不同授粉沙田柚子房内源ABA含量测定结果表明，授粉后ABA含量比花前提高：酸柚授粉后ABA上升速度比自花授粉的慢得多，授粉后第5天后持续下降，自花授粉后仍继续上升。

授粉后1天，酸柚授粉的ABA含量是开花时的1.35倍，而自花授粉的是开花时的近9倍，是酸柚授粉的6.6倍。酸柚授粉后第5天时，ABA含量达到高峰，是开花时的7倍多，随后缓慢下降；自花授粉后第7天时，ABA含量已急剧上升，为开花时的33倍。

自花授粉后子房内源ABA的急剧上升促进了子房组织的衰老与离层的形成，子房很快衰老脱落，落果严重；酸柚授粉后，抑制了内源ABA的上升，因而抑制了组织的衰老与离层的形成，减少了生理落果，提高了坐果率。

子房的发育不单纯由某种激素控制，而是取决于各种激素间的相互平衡，即促进生长的激素含量与抑制生长的激素含量间的比例。较高的促进生长的激素含量与较低的抑制生长的激素含量，使子房继续发育，生理落果减轻；较高的抑制生长的激素含量与较低的促进生长的激素含量，使子房发育停止，造成并加重落果。

花后几周内不同授粉方式沙田柚子房内源激素间的比例（表6-10）与落果间的关系证实了上述观点。开花后7天内，自花授粉沙田柚子房内抑制生长的激素水平较高，促进生长的激素水平较低，二者的比值很大，所以，落果加快且严重，花后7天内落果率高达94%；酸柚授粉的在花后7天内，抑制生长的激素水平较低，促进生长的激素水平较高，二者的比值明显缩小，所以，落果得到抑制，落果率远远低于自花授粉，花后7天内的落果率仅57%。此后，二者的比值进一步缩小，相应的落果率也明显减缓直至基本稳定。而自花授粉沙田柚子房内抑制生长的激素与促进生长的激素的比值持续、明显增大，在授粉后第21天时果实全部脱落。

表6-10 不同授粉方式沙田柚子房内抑制生长与促进生长激素的比值变化

比 值	处理	花后天数						
		1	3	5	7	14	21	28
ABA/IAA	酸柚授粉	0.003	0.007	0.01	0.013	0.011	0.006	0.006
	自花授粉	0.037	0.18	0.31	0.58			
ABA/Zeatin	酸柚授粉	0.019	0.066	0.07	0.051	0.019	0.009	0.007
	自花授粉	0.42	0.61	1.31	1.53			
ABA/GA	酸柚授粉	26.7	17.4	40.0	16.5	0.49	0.78	6.36
	自花授粉	295.7	909.0	1 570.0	∞			

　　显然，用酸柚授粉，可以顺利完成受精过程，子房内促进生长的激素与抑制生长的激素的比值较大，从而抑制沙田柚的生理落果，而自花授粉因自交不亲和，花粉管伸长生长缓慢、无法完成受精过程，子房内抑制生长的激素与促进生长的激素的比值较大，促进幼果组织衰退与离层的形成，生理落果因此加快加重。

（六）温度、光照及水分蒸发量与生理落果

　　笔者（1989）的观察结果表明，气温（日最高气温）、光照及水分蒸发量对沙田柚前期的生理落果影响明显。从4月24日（盛花前2天）至5月3日（盛花后第7天），日最高气温、光照时数及水分蒸发量的曲线变化与落果曲线变化趋势一致，落果率的高低与最高气温、光照时数及水分蒸发量的高低变化一致，只是数值的大小不对应，即最大日最高气温的出现并不一定与最大落果率的出现完全一致。光照、水分蒸发量与落果率的对应关系也如此。但在这之后至5月15日（盛花后第19天），它们间的变化出现时间上的错位，落果率的变化比气温、光照及水分蒸发量的变化延后2天左右，但变化趋势仍然基本一致。

　　显然，在沙田柚生理落果的早期即落蕾落花阶段，落果的增

加与气温的升高因而导致水分蒸发量增加同步。这是因为气温的上升使水分蒸发量随之增加，空气变得干燥，水分蒸发加快，柱头表面黏液中的水分蒸发加快，容易失水干燥，不利于花粉的萌发，同时叶片、花蕾及花的呼吸强度增强，养分消耗增多，促进离层形成的脱落酸等抑制生长、促进衰老的激素水平随之提高，落果因此加重。同时，落果率的升降与光照时数的升降也同步。这看似矛盾，但详细比较两者的曲线变化可发现，在盛花前2天至盛花第7天内，光照时数的缩短尤其在光照时数为零时，落果率虽不同时上升，但在随后的1～2天内，必然出现落果率的增加；光照时数的增加虽也不同时降低落果率，但在随后的1～2天内，也必然出现落果率的下降。这一现象说明光照对落果的影响有1～2天的时间差，因为光合产物的产生、运输是一个复杂而耗时的生理过程。

5月4日（盛花后第8天）至5月15日（盛花后第19天），最高气温、光照时数及水分蒸发量对落果的影响，与此前显然不同。在这期间，气温的升高及水分蒸发量的增大并不同时引起落果的增多，落果反而减少；而气温及水分蒸发量的下降则导致落果增多。但每次气温及蒸发量的升降，就会在1～2天内出现一次落果率的升降。这与光照时数增减对落果率的影响存在1～2天的时间差一致。在此期间，光照时数对落果的影响与前期相反，与落果率的变化同步，光照时数延长使落果减少，缺乏光照或光照不足使落果增多。

气温、光照与水分蒸发量对生理落果的影响不是孤立的，而是共同作用的。高温与长光照、大蒸发量相伴出现，同时影响着生理落果，低温与短日照、小蒸发量的影响也如此。

随着幼果的膨大及树上果实的减少，最高气温、光照时数及水分蒸发量对生理落果的影响越来越小，直到生理落果结束后几乎不再产生影响。

九、保花保果技术

(一) 加强修剪，改善通风透光条件

一是适当疏剪树冠中上部尤其是顶部 2 ～ 4 厘米粗的交叉枝和徒长枝；二是坚持每 1 ～ 2 年短剪 1 次株行间的交叉枝和衰退枝，以让光照充分透进树冠内膛和中下部，避免结果母枝枯死，提高光合效率，进而提高结果母枝和花芽质量。

(二) 合理施肥壮花

在春梢萌芽前 20 天左右，在树冠滴水线附近开环形浅沟或撒施后结合树盘浅翻耕，施入以氮为主的速效性肥料如腐熟的人畜粪、麸水加适量氮、磷、钾肥，如每株尿素 0.2 ～ 0.35 千克加复合肥 0.5 ～ 0.75 千克，也可淋施或滴灌水溶性肥。

(三) 喷施叶面肥与生长调节剂，促进春梢叶片及时转绿老熟

在春梢转绿老熟期间，结合喷药，叶面喷施 2 次 0.2% ～ 0.3% 磷酸二氢钾 +0.2% 尿素 +0.1% ～ 0.2% 硼酸、硼砂或其他完全营养叶面肥，促进春梢老熟。同时，在春梢自剪前，喷施 1 次 15% 多效唑可湿性粉剂 800 ～ 900 倍液，抑制春梢伸长，促进春梢提前转绿老熟。

(四) 疏花序，减少养分消耗

对花量过多的树，可在花蕾期将过多过密的花序疏掉 (图6-25)，按每一结果母枝留 1 ～ 2 个花序的标准或根据不同品种的坐果率估计留花的数量 (图6-26)，以减少花蕾过多对树体养分的消耗，使留下的花蕾得到更多的养分供应，提高花的质量和坐果率。

图6-25　人工疏除过多的花序

图6-26　疏花序后每一结果母枝仅留
　　　　 1个花序

（五）人工异花授粉，提高沙田柚坐果率

花期利用酸柚、桂柚1号
或蜜柚类既能提高坐果率、花
期又与沙田柚相遇的授粉品种，
进行有效的人工异花授粉（图
6-27），这样授粉的坐果率高达
37%～54%。桂柚1号、蜜柚
类、永红矮晚柚、泰国红肉柚
不需人工授粉。

图6-27　人工异花授粉

（六）喷施生长调节剂，提高坐果率

在第一次生理落果期间，根据品种、幼果数量、天气特别是
气温、光照、树势、春梢数量及老熟程度等情况，因柚类品种的
不同合理喷施赤霉素或2,4-滴钠盐，可获得显著的保果效果。

1.沙田柚与桂柚1号　在第一次生理落果期间，根据幼果的多
少确定喷施的时间与浓度。一般情况下，可在第一次生理落果开

始、落掉一部分幼果后，喷施1次80% 2,4-滴钠盐溶液8 ～ 12毫克/升，可显著提高坐果率（表6-11）。

笔者2018年在广西蒙山县八年生酸柚砧沙田柚园进行了不同处理对沙田柚幼果坐果影响的试验。试验共设5个处理、1个对照，田间单株小区、3次重复；第2次生理落果前的4月27日统计幼果数量，生理落果结束后的7月16日统计坐果数量。各处理与结果如下：

处理1：在第一次生理落果期间叶面喷施（全株喷）12毫克/升85% 2,4-滴 1次；

处理2：在第一次生理落果期间果面喷施（只喷果实）12毫克/升85% 2,4-滴 1次；

处理3：在第一次生理落果期间环割主枝1次，割2圈；

处理4：在第一次生理落果期间环割主枝1次，同时果面喷施12毫克/升85% 2,4-滴 1次；

处理5：在第一次生理落果期间环割主枝1次，20天后再环割1次，每次环割2圈；

对照（CK）：在第一次生理落果期间叶面喷施清水1次。

表6-11　不同处理对沙田柚保果的效果

项　目	处理1	处理2	处理3	处理4	处理5	对照（CK）
处理前幼果数量（个）	125.33	165.33	206.67	127.00	120.00	126.33
处理后幼果数量（个）	35.33	46.33	60.00	51.33	36.33	25.33
保果率（%）	28.19	28.02	29.03	40.42	30.28	20.05
与对照比较（%）	140.60	139.75	144.79	201.60	151.02	100.00

表6-11的结果表明，试验设计的5个处理均明显提高了沙田柚的保果率，其中处理4的效果最好，保果率高达40.42%，比对照提高了101.60%，其次是处理5保果率达到30.28%，比对照提高了51.02%，其他各处理的保果率从高到低依次是处理3、

处理1和处理2，保果率达到28.02%～29.03%，比对照提高了39.75%～44.79%，效果显著。具体应用哪项措施，应根据果园的具体情况来定。

2.蜜柚类　在幼果期，喷施1～2次75%赤霉素溶液15～20毫克/升，2次间隔5～7天。在低温阴雨或高温天气条件下，单独再喷1次80% 2,4-滴钠盐溶液8～12毫克/升，可显著提高坐果率（表6-12）。

2018年，笔者在广西容县按下列处理进行了红肉蜜柚的保果试验：

处理1：在第一次生理落果结束后叶面喷施12毫克/升 2,4-滴1次；

处理2：在第一次生理落果结束后叶面喷施20毫克/升 GA₃ 1次；

处理3：在第一次生理落果结束后叶面喷施20毫克/升 GA₃+12毫克/升 2,4-滴1次；

处理4：在春梢自剪时叶面喷施15%多效唑粉剂800倍液1次；

处理5：在春梢自剪时叶面喷施15%多效唑粉剂600倍液1次；

处理6：谢花结束时，用14号铁丝在主干上环扎1圈，直到春梢叶片完全转绿老熟。

CK：在第一次生理落果结束后叶面喷施清水一次。

表6-12　2,4-滴钠盐对红肉蜜柚保果的效果

项 目	处理1	处理2	处理3	处理4	处理5	处理6	对照
处理前幼果数量（个）	250	159	87.67	163.67	257.33	139.00	195.67
处理后幼果数量（个）	75.33	73.00	45.00	58.67	66.67	53.33	59.00
保果率（%）	30.13	45.91	51.33	35.85	25.91	38.37	30.15
与对照比较（%）	99.93	152.27	170.25	118.91	85.94	127.26	100.00

表6-12的结果表明，各处理的保果率从高到低依次是：处理

3>处理2>处理6>处理4>对照>处理1>处理5，即处理3的保果率最高，达到51.33%，比对照提高了70.25%；处理2次之，为45.91%，比对照提高了52.27%；处理6排第3，为38.37%，比对照提高了27.26%；处理4排第4，为35.85%，比对照提高了18.91%；处理1和处理5的保果率低于对照。显然，GA$_3$、2,4-滴、多效唑不同使用方法，其保果效果差别很大，具体应用时可根据上述结果灵活确定。

（七）环割、环扎或环剥保果

在蜜柚的谢花期，在主干或主枝上用1号环割刀环割2圈（图6-28），或用2号环割刀环剥1圈，也可显著提高坐果率。沙田柚、桂柚1号一般不采用。

环割、环剥要根据花量、幼果量、砧木、树龄、树势、春梢数量、天气等情况来定。

在天气正常的情况下，初结果树、旺长树，可在谢花1/3左右时进行。在长期低温阴雨天气的情况下，环割、环剥时间则提前至刚开始谢花时进行，且环割2次，2次间隔15天左右。成年旺长树宜实施环剥保果，环剥1圈、宽度1～2毫米（图6-29）。

图6-28　蜜柚环割保果

图6-29　环剥保果

（八）花期摇花

谢花后，经常会遇到因雨水多导致花瓣黏附在幼果果皮上，既影响光照，延缓果皮转绿（图6-30），又容易成为蓟马聚集、诱发灰霉病的场所（图6-31），因此，应在晴天或阴天花瓣尚未黏附在果皮上时及时人工摇动树枝，振落花瓣（图6-32）。

图6-30　持续阴雨导致花瓣黏附在子房上

图6-31　花瓣不掉落导致灰霉病

图6-32　摇花后花瓣掉落，幼果果皮转绿快

（九）及时疏果

结果过多时，在第一次生理落果结束后、大小果能明显区分的分果期（图6-33）或果实横径0.5～1.0厘米时，按每一结果母枝留果1～3个果的标准，将过多过密的畸形果（图6-34）、病果（图6-35）、小果（图6-36）、过多的大果（图6-37）疏掉。不同疏花疏果处理对沙田柚坐果率、产量和商品果率的影响见表6-13。

图6-33　分果期

图6-35　疏掉缺硼的病果

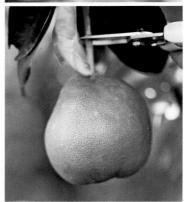

图6-34　疏掉畸形果

图6-36　疏掉小果

图6-37　疏掉过多的正常大果

表6-13　不同疏花疏果处理对沙田柚坐果率、产量和商品果率的影响

（2003—2005年，桂林）

处理	花量（朵）	疏花量（朵）	疏果量（个）	结果数（个）	坐果率（%）	株产量（千克）	商品果率（%）
A	1 929.5a	803.8	0.0	41.7a	2.21ab	46.7a	85.5ab
B	1 620.1a	0.0	146.8	45.6a	2.97a	46.2a	94.6ab
C	1 612.1a	578.8	217.7	35.8a	2.23ab	44.3a	86.6ab
D	2 158.2a	0.0	8.7	41.9a	1.99b	42.8a	95.6a
E	1 974.3a	0.0	9.2	46.0a	2.35ab	39.3a	96.6a
CK	2 101.2a	0.0	0.0	40.3a	2.00b	36.5a	69.3b

注：表中小写字母表示5%差异显著水平。

1.处理说明

处理A：开花前15天左右（花蕾直径3～5毫米时），按每一枝组2～3条结果母枝各留2个花序的标准，将多余的花序全部人工疏掉。

处理B：第一次生理落果结束后，在果实横径0.5～1.0厘米时，按每一结果母枝留果1～2个的标准，将过多过密的小果、畸形果、病果疏掉。

处理C：处理A+处理B。

处理D：第一次生理落果结束后，在果实横径2～3厘米时，按每一结果母枝留果1～2个的标准，将过多过密的小果、畸形果、病果疏掉。

处理E：不疏蕾不疏花，只在第二次生理落果结束后、果实横径3～5厘米时，按每一结果母枝留果1～2个的标准留果。过多过密过小、畸形、病果疏掉。

对照（CK）：不疏蕾和花、不疏果，只疏畸形果、病虫果。

2.疏果效果　

在第一次生理落果结束后、果实横径0.5～1.0

厘米时疏果（处理B），可显著提高坐果率；第二次生理落果后果实横径2～3厘米或3～5厘米时疏果（处理D、E），其提高坐果率的效果与不疏花疏果的对照无显著差异，这是由于生理落果已经结束，疏果过迟且疏果量少（8.7～9.2个，只占处理B总疏果量的5.9%～6.3%），因而对提高坐果率无显著作用，但此期疏果可显著提高商品果率。

（十）果实套袋

于5月上中旬，均匀喷一次杀虫、杀螨剂后，除三红蜜柚用3层袋外（图6-38），其他品种用1～2层防水纸袋套果（图6-39、图6-40）。果实套袋可有效防治橘实瘿蚊、橘小实蝇、褐腐病和黄斑病等病虫害的为害，减少落果和烂果（图6-41），同时促使果皮

图6-38　三层纸袋套果

图6-39　单层纸袋套果

图6-40　双层纸袋套果

图6-41　采收前摘除果袋的效果

在果实着色期着色均匀，减少外果皮因枝叶摩擦、风刮伤等导致的各种疤痕，确保果皮光滑、细腻，提高果实外观质量。

套果袋可在果实采收前的15天左右再解除套袋，但在橘小实蝇猖獗的果园，可在采收时再摘除套果袋。

（十一）及时防控病虫害

针对柚类主要病虫害柑橘溃疡病、黄龙病、炭疽病、褐腐病、螨类、蚧类、潜叶蛾、橘实瘿蚊、蜗牛、蚜虫、黑蚱蝉、花蕾蛆、木虱和粉虱等的发生特点，加强病情和虫情调查，及时对病虫的为害情况作出判断，对达到防治指标的病虫，及时采取有效措施进行防治，注重农业技术措施与化学防治技术的结合。

十、果实生长发育规律

（一）果实生长曲线

2011—2012年，笔者在桂林以桂柚1号为对象，观察了桂柚1号果实生长发育规律。结果表明，两年的果实生长曲线变化趋势基本一致。整个果实生长过程中，果实纵径均大于横径，表明果实纵径生长比横径快；果径的生长曲线前期上升较慢，中期上升较快，达到高峰后逐渐趋于平缓，表明果实在5月下旬前和7月下旬后生长均较缓慢，果实迅速生长期在5月下旬至7月下旬（图6-42、图6-43）。

（二）果实生长发育时期

研究结果表明，沙田柚果实生长发育可分为细胞分裂、细胞增大及果实成熟3个时期。

1.**细胞分裂期** 从开花开始，持续约7周。在这个时期，幼果各组织进行细胞分裂。果重的增加及体积的增大主要是果皮细胞

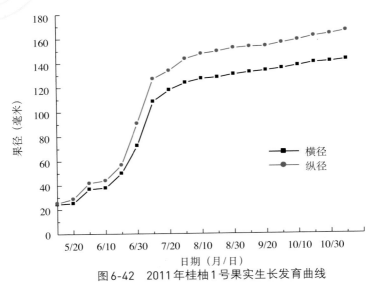

图6-42　2011年桂柚1号果实生长发育曲线

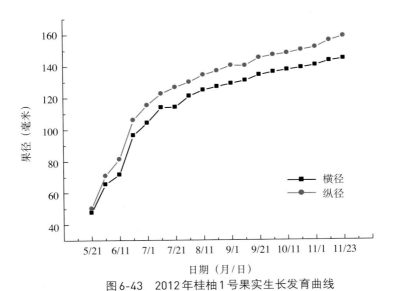

图6-43　2012年桂柚1号果实生长发育曲线

数量急剧增加所致，果皮重量占到果实重量的90%以上，果皮厚度占果实半径的70%以上。

2.细胞增大期 这个时期从花后第50天开始至花后140天左右，持续约90天。除外果皮外，果实其他组织的细胞分裂已基本停止，果实重量与体积迅速增加，其中主要是果肉重量与体积的大幅度增加。果皮迅速增重后转入缓慢增重；果皮稍增厚后迅速变薄。到细胞增大的末期，果皮重量占果实重量的比例大幅度下降，由细胞分裂期的90%以上降至50%以下；果皮厚度的变化趋势也如此，由细胞分裂期占果实半径的70%以上降至30%以下；果肉重量与体积占果实重量与体积的比例则大幅度提高，分别由细胞分裂期的10%、30%以下提高到50%和70%以上。果实重量与体积的70%和50%以上是在这个时期增加的。显然，细胞增大期是影响果实最终大小的关键时期。

3.果实成熟期 果实成熟期实际上是细胞增大的减缓期，从细胞增大结束期开始，持续5～6周，即花后140～180天。在这个时期，果实重量与体积仍然继续增加，但增长幅度很小，果皮稍变薄，主要是果实糖酸与淀粉等内含物与果皮颜色的变化。

（三）果实增长速率

在桂林，2011年和2012年桂柚1号果实生长速率从5月至11月上旬均呈正增长，横径和纵径增长高峰均出现在5月至7月。2011年5月横径和纵径的增长率分别为50.61%、65.22%；6月是纵、横径增长最快的时期，6月横径和纵径的增长率分别为96.83%、116.79%；7月横径和纵径的增长率分别为70.34%、58.09%。2012年5月20日至5月30日横径和纵径的增长率分别为36.53%、41.32%；6月也是纵、横径增长最快的时期，6月横径和纵径的增长率分别为59.05%、62.65%；7月横径和纵径的增长率分别为16.04%、12.59%。2011年和2012年8月以后纵、横径增长均减缓，纵、横径增长率均下降到10%以下。

(四) 果实成熟期主要内含物含量的变化

果实进入成熟期后，果皮逐渐由绿色变成黄色、金黄色或黄中带紫红的颜色，同时，果肉中的糖、酸、淀粉等营养物质也呈规律性变化。

笔者对沙田柚果实的分析结果表明（图6-44），在未成熟的果实特别是幼果中，淀粉的含量较高，糖的含量较低。随着果实的成熟，淀粉含量逐渐下降，糖的含量逐渐上升，还原糖及全糖含量均如此。成熟后的果实全糖含量变化较小，上升缓慢。

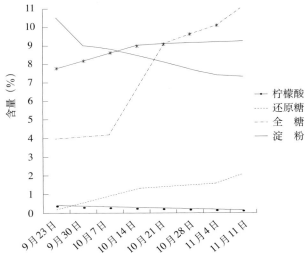

图6-44　沙田柚果实成熟期间主要成分的变化

随着果实的成熟，可溶性固形物含量也逐步上升，而且上升幅度较大；柠檬酸含量呈逐渐下降趋势，不过下降速度缓慢。

内含物含量的上述变化，说明沙田柚果实品质在成熟阶段也是渐变的过程，而且具有后熟的特征。因此，果实不能早采，采收后贮藏一段时间，有利于糖分的积累及酸的降解，品质更佳。桂柚1号也如此。

第七章
结果树的土肥水管理

一、土壤管理

（一）中耕松土

在每个季度特别是雨后，对树盘中耕松土1次，深度15厘米左右，保持树盘土壤疏松，无恶性杂草（图7-1）。

图7-1　树盘中耕松土

（二）生草栽培

为了节省人工、保持水土，增加有机质，提倡果园生草。在树盘内外，只要不是恶性杂草，都可以保留（图7-2），特别是在秋冬干旱季节，保留树盘内外的杂草既可以保持水土，又可以保持土壤温湿度相对稳定。杂草过高时，用割草机割草覆盖树盘。

图7-2　生草栽培

（三）树盘覆盖

在干旱的秋季，用杂草、稻草或塑料薄膜、地布等材料覆盖树盘（图7-3），杂草、稻草覆盖物厚5～8厘米，离树干距离约5厘米，有利于保湿降温。冬季，对根系外露的树，可在树盘培入3～5厘米厚的肥沃土壤，保护根系。

图7-3　树盘覆盖薄膜

二、施肥

（一）深施重肥

深施重肥作为基肥对改良土壤、提高柚类产量、改善果实品质具有不可替代的作用。深施重肥分夏季重肥和冬春季重肥，宜1年1次，最少2年1次。在每年的6～7月或11月至翌年2月，在树冠一侧滴水线附近，挖长×宽×深为（1～1.5）米×（0.5～0.7）米×（0.6～0.8）米的施肥坑（图7-4），坑内施入鲜绿肥、杂草20～30千克，农家肥、堆肥30～40千克，或堆沤发酵过的牛粪、羊粪、兔粪、鸡粪、蔗泥25～30千克，加菜麸3～5千克，同时施磷肥1～1.5千克，酸性土壤配施

图7-4　长方形重肥坑

石灰1～1.5千克（图7-5、图7-6）。在回填过程中，将肥料与土拌匀，以免肥料过于集中引起烧根。

图7-5　春季深施重肥

图7-6　夏季深施重肥

由于夏季雨水较多，施肥坑空穴时间不能过长，避免遇大雨浸泡根系。冬季重肥坑的位置不能与夏季重肥相同，宜挖一部分施一部分，施肥坑空穴时间不能过长，避免遇寒潮冻伤根系。根际施肥时，肥料不能堆施在坑底，必须与土壤拌匀，避免造成烧根。

夏季深施重肥因高温多雨，杂草或绿肥多而嫩，养分含量较高，挖坑容易、劳动强度低，肥料容易腐熟分解，根系可较快吸收利用，但雨季挖坑容易出现积水现象，所以施肥后宜及时回填；冬季深施重肥，正处于干旱季节，土壤容易板结，挖坑难度加大，同时杂草老化、干枯，养分含量下降，而且，肥料施后无法短期内腐烂分解，需待翌年开春气温回升、雨水逐渐增多后才能逐步腐烂、吸收利用。

2002—2005年在沙田柚上的试验结果表明，夏季深施重肥（处理A）与冬季深施重肥（处理B）的区别如下：夏施重肥的春梢长度为16.0厘米，比冬施重肥的12.8厘米增加了3.2厘米，增长了25.0%，差异达到极显著水平（表7-1）。这对连年丰产的成年结果树来说是有利的。因为成年结果树多年结果后，树势逐渐衰弱，春梢的抽发逐渐减少并变短变弱，树势因而变得更弱。显然，夏施重肥比冬施重肥更有利于沙田柚春梢的生长，对保证或恢复树势的效果较好。

表7-1　不同处理沙田柚春梢长度、新根量的比较

处理	春梢长度（厘米）	根数量（条）	根密度（条/米^2）	根长度（厘米）
A	16.0A	203.2A	879.5a	23.11a
B（CK）	12.8B	107.5B	392.5b	30.14a

注：1.调查时所挖的剖面规格为50厘米×40厘米×40厘米，调查时间为施肥翌年的4月；2.表中小写字母表示5%差异显著水平，大写字母表示1%差异显著水平。

夏施重肥的发根量、根密度分别比冬施重肥的提高了89.02%

和124.1%，分别达到了极显著和显著水平。可见，夏施重肥因高温多湿、肥料可及时转化而被根系吸收，所以比冬施更有利于沙田柚新根的发生，新根量显著增多，密度也显著提高（图7-7）。而从根的长度来看，夏施比冬施的短23.32%，但差异不显著。这与夏季深施重肥的新根量多而冬施的根少（图7-8），故新根较长是一致的。夏施重肥的平均株产、单果重量比冬施重肥的有所提高，但差异均不显著（表7-2）。

图7-7　夏季深施重肥翌年4月新根多　　　图7-8　冬季深施重肥翌年4月新根少

表7-2　不同处理沙田柚产量及单果重量的比较

处理	株产果数（个）	株产量（千克）	单果重量（克）
A	38.1a	40.3a	1 057.7a
B	37.9a	35.9a	947.2a

注：表中小写字母表示5%差异显著水平。

夏、冬施重肥的果实果汁率、可食率、可溶性固形物含量、全糖、维生素C含量和糖酸比、固酸比均有差异，但均不显著。冬施和夏施重肥的果实均味甜、化渣，口感无明显差别。表明夏季或冬季深施重肥的沙田柚果实品质无显著差异（表7-3）。

表7-3　不同处理沙田柚果实品质的比较

处理	果汁（%）	可食率（%）	固形物（%）	每100毫升果汁中酸（克）	每100毫升果汁中维生素C（毫克）	每100毫升果汁中全糖（毫克）	糖酸比（%）	固酸比（%）	风味
A	33.92a	45.47a	14.5a	0.3901a	85.2309a	12.3775a	34.26a	39.07a	味甜、化渣
B	34.80a	46.45a	16.0a	0.3743a	84.3808a	11.8503a	32.67a	44.03a	味甜、化渣

注：表中小写字母表示5%差异显著水平。

除镁、锌和锰较低外，夏施重肥的钙、铁、硼、全氮、全磷和全钾的含量均高于冬施重肥（表7-4）。显然，夏施重肥可提高叶片中三要素及钙、铁、硼的含量，但镁、锌和锰特别是锰的含量会降低，因此，在追肥中要注意追施镁、锌和锰肥，以防本已容易出现缺镁、锌和锰的红壤沙田柚叶片缺素症状加重。

表7-4　不同处理沙田柚叶片营养含量

处理		钙（%）	镁（%）	锌（毫克/千克）	铁（毫克/千克）	锰（毫克/千克）	硼（毫克/千克）	全氮（%）	全磷（%）	全钾（%）
A		3.796	0.229	25.8	75.85	80.10	48.15	2.366	0.140	1.157
B		3.578	0.241	27.9	72.55	91.65	43.25	2.311	0.122	1.152
比较（%）	A	106.1	95.0	92.5	104.5	87.4	111.3	102.4	114.8	100.4
	B	100.0	100.0	100.0	100.0	100.0	100.0	100.0	100.0	100.0

不同处理沙田柚土壤营养含量的差异见表7-5。比较一致的是，夏施重肥的土壤有效磷和有机质含量不管是0～20厘米还是20～40厘米剖面，均比冬施重肥的高。同时，0～20厘米土壤全氮、速效钾和pH均是夏施重肥比冬施重肥低，而20～40厘米

土壤全氮、有效磷、速效钾、有机质的含量和pH均比冬施重肥的高。由此可见，夏施重肥可提高0～40厘米土壤有效磷和有机质及20～40厘米土壤全氮、速效钾的含量和pH，这对容易缺磷及有机质含量低的红、黄壤果园来说是很有利的。至于同一处理0～20厘米与20～40厘米土壤全氮、速效钾和pH变化趋势的不同，可能与夏施重肥正处于高温多雨时期，土壤表层中的氮、钾及酸根离子较易淋溶下渗有关。

表7-5　不同处理沙田柚土壤养分含量的比较

处理	全氮（%）		有效磷		速效钾		有机质（%）		pH	
	含量	比较（%）	含量（毫克/千克）	比较（%）	含量（毫克/千克）	比较（%）	含量	比较（%）	pH	比较（%）
0～20厘米 A	0.1340	95.37	84.70	109.5	201.0	79.0	2.167	117.0	6.23	91.5
B	0.1405	100.00	77.35	100.0	254.5	100.0	1.852	100.0	6.81	100.0
20～40厘米 A	0.140	106.87	69.15	106.0	305.5	114.4	1.96	113.3	7.07	106.3
B	0.131	100.00	65.25	100.0	267.0	100.0	1.73	100.0	6.65	100.0

考虑到夏施重肥的劳动强度较小、可作绿肥的鲜杂草多而嫩等因素，笔者认为夏施重肥比冬施重肥的效果好。如有条件，可夏、冬季各深施一次重肥，效果会更好。

（二）萌芽肥

萌芽肥在春梢萌芽前的12月至翌年1月施。作用是壮梢壮花，满足新梢、花蕾及幼果前期生长发育所需养分。施用方式一般是开浅沟施或淋施。树势正常的树，如果采果肥施用充足，萌芽肥可以不施或少施，但树势偏弱的树，最好淋施1次萌芽肥。

1.**开浅沟施**　在树冠两侧滴水线附近，开2条长80～150厘米、宽20厘米左右、深15～20厘米的环形沟（图7-9），或沿行

图7-9　在树冠两侧挖浅沟施萌芽肥

向在树冠两侧各开1条宽20厘米左右、深15～20厘米的通沟，株施复合肥0.25～1.0千克。树势弱的树，可加施尿素0.25～0.5千克/株。施时肥料与土拌匀。

2.淋施　在春梢萌芽前20天左右，沿树盘兑水淋施溶解后的复合肥0.25～0.75千克加腐熟粪水、花生麸或菜麸水20～25千克/株，或淋施溶解后的复合肥0.25～0.75千克/株加300～400倍优质冲施肥20～25千克/株。

（三）稳果肥

在谢花后1周内，沿树盘兑水淋施溶解后的复合肥0.15～0.25千克/株加腐熟粪水、花生麸或菜麸水30～40千克/株，或淋施溶解后的复合肥0.15～0.25千克/株加300～400倍优质冲施肥20～25千克/株。

（四）壮果肥

生理落果期间的4～5月，在树冠两侧滴水线附近，开1条长80～100厘米、宽25～35厘米、深20厘米左右的环形沟（图7-10），或沿行向在树冠两侧各开1条宽25厘米左右、深20厘米的通沟（图7-11），株施复合肥0.35～1.0千克加施生物有机肥

图7-10 环状浅沟施壮果肥

图7-11 挖浅通沟施壮果肥

5 ~ 7.5千克/株、花生麸1.5 ~ 3千克/株。7 ~ 9月，每月上旬淋施1次腐熟花生麸水50 ~ 100千克/株，每次株施花生麸0.5 ~ 1.0千克。

（五）采果肥

采果前后的11 ~ 12月，在树冠一侧或两侧滴水线附近挖1 ~ 2条浅沟，沟深20厘米、宽25 ~ 35厘米、长0.8 ~ 1.5米（图7-12），株施高氮、低磷、高钾三元复合肥0.5 ~ 1.0千克、生物有机肥5 ~ 7.5千克、花生麸2.5 ~ 5千克或菜麸4 ~ 7.5千克（图7-13），或在树冠一侧滴水线附近挖1个大坑（图7-14），株施杂草和绿肥15 ~ 20千克、腐熟牛粪20 ~ 25千克、复合肥1.0 ~ 1.25千克、生物有机肥5 ~ 7.5千克、花生麸2.5 ~ 5千克或菜麸4 ~ 7.5千克。

图7-12 采果后挖浅沟施采果肥

图 7-13　冬施采果肥

图 7-14　采果前挖坑深施采果肥

（六）叶面追肥

在每次新梢转绿期，分别叶面喷施 1 ~ 2 次叶面肥，及时补充新梢、果实发育所需养分，促进新梢转绿老熟和果实生长发育。

（七）水肥一体化施肥

水肥一体化施肥方式是通过滴灌或微喷灌系统，事先将水溶性化肥按一定的比例和用量溶入洁净的水中，变成水溶性肥液后，通过抽水机或压力泵将肥液滴到或微喷到根系周围土壤中，供根系缓慢、微量吸收。这种施肥方式虽然一次性滴灌或微喷系统的投入高，但由于不需要开沟，所以大幅度地减少或避免了人工的投入，节省了大量的人工成本，同时，用水量和用肥量均显著减少，肥料的浪费和流失基本可以避免或显著减少，肥料和灌溉水的利用率显著提高。

水肥一体化灌溉系统分两种，一种是滴灌，通过滴灌带或滴灌管将水溶性肥料输送到根系，所需供水与加压设备简单，一般在果园的高处建一个贮水池，不需加压，实行自流灌溉即可，同时，灌溉管道投资少。如果用滴灌带，则亩投入大约400元，用国产滴灌管，亩投入1 000元左右。但是，如果使用进口成套滴灌设备，那设备投资就高达数百万元。另一种是微喷系统，投入比滴灌系统大，主要是增加了加压水泵、微喷头，且管道只能使用塑料管，而不能用滴灌带。

三、水分管理

在柚类年生长周期中，水分是生长发育不可缺少的重要条件，它既是树体构成的主要成分，又是维持树体生命活动的重要条件。俗话说：收多收少在于肥，有收无收在于水。缺水会使植株萎蔫枯死，而土壤水分过多或湿度过大，则会造成烂根或发病落叶，从而导致植株衰退甚至死亡。因此，加强水分管理，对柚类早结、丰产、稳产、优质具有重要的意义。

（一）合理灌水

在生产上，如果阴天叶片出现轻微萎蔫症状或在高温干旱天气条件下卷曲的叶片在傍晚不能及时恢复正常，就要及时淋水，保证树体正常生长发育对水分的需要。柚类在春梢萌动期及开花期（2～4月）、果实膨大期（5～10月）对土壤湿度十分敏感。当土壤含水量沙土＜5%、壤土＜15%、黏土＜20%时，就要及时淋水。这个时期如遇到连续干旱，那么每隔7～10天应淋水1次，保持土壤水分均衡，防止因缺水影响果实膨大。同时，在夏、秋、冬季节利用果园长草、树盘覆盖方法，保持土壤湿润。

（二）适时控水

一般柚类在秋、冬季及秋梢老熟后要适当控水：一是防止水分过多，不利于花芽分化；二是抑制抽发晚秋梢和冬梢，使树体更好地积累养分；三是为了提高果实的含糖量，增进果实的风味，同时提高果实耐贮性，在果实采收前一个月内宜适当控制水分，保持土壤适当干旱。果实采收前的10～15天停止灌水，以降低土壤含水量，提高果实品质。

（三）防旱排涝

长期干旱会使土壤水分大量减少，导致植株缺水，叶片褪绿、卷缩，果实生长发育停止，严重时引起落叶、落果、枝叶干枯等，甚至出现植株死亡现象。同样，柚类受涝时间过长或果园低洼长期浸水，植株容易发生根系腐烂、叶片黄化、掉叶、幼果褐变、落果甚至植株死亡等。因此，旱季要注意防旱，雨季注意防涝。主要措施有：第一，建园时搞好果园供水、排水系统，做到能灌能排；第二，改良土壤，每年通过深翻压绿肥，增加土壤肥力，改善土壤团粒结构，提高抗旱性，使土壤水分能排能蓄；第三，在干旱前和大雨过后，及时中耕松土，使空气进入土壤孔隙，可降低土温，减少水分蒸发；第四，在树盘覆盖稻草、杂草或薄膜，减少水分蒸发，降低土壤温度；第五，果园生草栽培，除树盘恶性杂草要铲除外，株间、行间及树盘非恶性杂草宜保留，或人工种植白花草等。

第八章
结果树的修剪

　　结果树与幼树最大的差别在于幼树只有营养生长，而结果树既有营养生长又有生殖生长。所以，结果树修剪的目标是既要保持开心形的树形，控制树体高度，又要调节营养生长与生殖生长间的平衡，确保果园通风透光，连年丰产优质。

一、初结果树的修剪

（一）自然开心形树冠的修剪

　　1.**春季修剪**　初结果树春梢量大（图8-1），春季修剪主要以疏春梢、疏花序为主，有春梢的末级梢每条留春梢2～4条（图8-2）。花多的树，在花蕾直径0.5厘米左右时，及时疏掉过多过密的花序（图8-3）。结合保果，蜜柚类品种需根据天气、树势、花量等情况在谢花期间环剥1次。

　　2.**夏季修剪**　及时人工抹除早夏梢，减轻梢果矛盾，提高坐果率；生理落果结束后抽出的夏梢，不必抹除，以扩大树冠。

图8-1　疏掉过多的春梢

图8-3 疏掉过多的花序

图8-2 疏梢后只留4条春梢

放秋梢前15天左右，对树冠顶部过密或扰乱树形的夏梢进行疏剪（图8-4），过旺的夏梢则短剪1/3 ～ 1/2（图8-5），以控制树冠高度，促进秋梢萌发。同时，剪掉干枯枝、病虫枝。

图8-4 疏掉过多的夏梢

图8-5 短剪过旺的夏梢

3.**冬季修剪** 一是疏剪或短剪干枯枝、病虫枝；二是将已结果枝和落花落果枝短剪1/5 ～ 1/4（图8-6），促其萌发春梢；三是疏剪树冠内膛及外围影响光照和通风的交叉枝（图8-7至图8-9）；四是短剪树冠外围2级以上的长枝（图8-10、图8-11），更新营养枝或结果枝组；五是短剪树冠顶部过高的秋梢（图8-12、图8-13），控制树冠高度。

图8-6 冬季短剪已结果枝

图8-7 疏剪内膛直径1～4厘米的直立交叉枝

图8-8 冬季疏剪树冠外围影响光照的过密枝

图8-9 冬季疏剪树冠顶部交叉枝

图8-10　冬季短剪树冠外围的长枝后
　　　　抽出的强壮春梢

图8-11　冬季短剪树冠外围强壮营养
　　　　枝，春季抽出中短弱春梢及
　　　　有叶花

图8-12　树冠顶部过高的秋梢

图8-13　冬季短剪树冠顶部过高的秋梢

（二）半自然开心形树冠的修剪

1.春季修剪　春梢生长期间，疏剪树冠中下部外围过多过密的春梢，有春梢的末级梢每条留春梢2～3条；树冠中上部主枝、侧枝上的短、弱春梢不疏；花多的树，在花蕾直径0.5厘米左右时，及时疏掉过多过密的花序。蜜柚类品种还要根据天气、花量、树势等情况，在谢花期间环割1～2次或环剥1次保果。

2.夏季修剪　一是疏剪干枯枝、病虫枝和交叉枝；二是生理落果结束后放1次夏梢：抹除零星抽出的早夏梢，待约60％夏梢萌发时统一放梢；三是放秋梢前15天左右，完成对树冠中上部约70％末级梢的短剪，短剪1/5～1/4，促发秋梢。

3.冬季修剪　冬季修剪是半自然圆头形树形全年修剪工作的重中之重，主要的修剪量在冬季完成。一是疏剪或短剪干枯枝、病虫枝；二是对结果枝和落花落果枝短剪1/5～1/4；三是疏剪内膛交叉枝和过密枝（图8-14）；四是短剪或疏剪树冠中上部主枝、侧枝上的直立强枝（图8-15、图8-16）；五是疏剪主枝延长枝基部分枝处的侧枝（图8-17、图8-18），适当保留分枝角度大的弱侧

图8-14　冬季疏剪树冠中下部影响光照的交叉枝

图8-15　冬季短剪树冠外围强壮末级枝

枝；六是疏剪主枝延长枝上的侧枝（图8-19），目的是促使短剪后翌年抽出多而短弱的春梢，培养成为后年的结果母枝；七是疏剪树冠外围过密的交叉枝（图8-20）。

图8-16　疏剪侧枝上的直立强枝

图8-17　疏剪主枝延长枝基部的侧枝

图8-18　疏剪主枝延长枝基部的侧枝

图8-19　疏剪主枝延长枝上的侧枝

图8-20　疏剪树冠外围过密的交叉枝

二、成年结果树的修剪

成年结果树已进入丰产期，修剪目的是控制树冠大小，保持通风透光，培养充足的优质结果母枝，保持营养枝与结果枝一定的比例，实现立体结果，防止出现大小年结果现象，延长丰产年限，保持高产优质。成年结果树一般已经封行，每年只放一次春梢，控制夏、秋梢的萌发。

（一）自然开心形树冠的修剪

1.春季修剪 春季修剪主要以疏花序为主，将花多树的花序在花蕾直径0.5厘米左右时及时、合理的疏掉。根据天气、花量、树势等情况，蜜柚类品种可在谢花期环割1～2次或环剥1次保果。

2.夏季修剪 人工抹除夏梢，减轻梢果矛盾，提高坐果率，剪掉干枯枝、病虫枝。交叉严重的树，在生理落果结束后的7～8月，可根据密闭程度疏剪树冠内膛或中上部直径2～5厘米的直立、交叉大枝（图8-21），在树冠上层的中间、株间或行间开1～4个小天窗，改善通透条件。

图8-21 在树冠内膛中上部的中间开天窗

3.冬季修剪 一是疏剪或短剪干枯枝（图8-22）、病虫枝（图8-23）和不老熟的冬梢；二是对结果枝和落花落果枝短剪1/4～1/3；三是疏剪树冠内膛或中上部影响通风透光的交叉大枝（图8-24、图8-25）；四是短剪树冠外围长枝（图8-26）；五是短剪株间行间衰弱或交叉枝组（图8-27），更新营养或结果枝组；六是短剪树冠中下部、外围的长弱枝（图8-28至图8-31）；七是短剪树冠顶部过高的枝组（图8-32），控制树冠高度；八是疏剪株间或行间的交叉大枝（图8-33）；九是疏剪树冠下部接近地面的铺地枝。

图8-22　疏剪干枯枝

图8-23　短剪病虫枝

图8-24　疏剪树冠内膛交叉大枝

图8-25　冬季疏剪树冠上部影响光照的过密枝

图8-26　冬季短剪树冠外围的长枝

图8-27　短剪株间行间交叉枝组

图8-28　短剪树冠外围长弱枝

图8-29　短剪无叶长弱枝

图8-30　短剪细长无叶弱枝

图8-31　冬季短剪不同类型的弱枝

图8-32　短剪树冠顶部过高的枝组

图8-33　疏剪行间交叉大枝

（二）半自然开心形树冠的修剪

1.春季修剪 一是及时合理疏花蕾；二是蜜柚类品种可在谢花期间合理环割或环剥保果。

2.夏季修剪 一是及时抹除夏梢；二是疏剪或短剪干枯枝、病虫枝；三是生理落果结束后，对树冠内膛及中下部的交叉大枝进行适当的疏剪或短剪。

3.冬季修剪 冬季修剪是半自然开心形树冠最重要也是最关键的一次修剪，全年修剪量的80%左右在冬季完成。一是疏剪干枯枝、病虫枝；二是短剪结果枝的1/5～1/4；三是疏剪或短剪株行间、树冠中下部及内膛交叉枝（图8-34、图8-35）和衰弱长枝（图8-36）；四是适当疏剪树冠上部主枝延长枝上的健壮侧枝（图8-37、图8-38）；五是适当疏剪树冠上部主枝延长枝基部的健壮侧枝（图8-39、图8-40），但分枝角度大的弱侧枝适当保留；六是疏剪树冠外围过密的侧枝（图8-41）；七是适当短剪主枝延长枝上的侧枝（图8-42）；八是短剪树冠外围的长枝（图8-43）。

图8-34 疏剪树冠内膛的交叉枝

图8-35 疏剪内膛交叉枝

图 8-36　短剪树冠下部衰弱光秃长枝后抽出健壮春梢

图 8-37　疏剪主枝延长枝上的侧枝

图 8-38　疏剪主枝延长枝上侧枝后的主枝

图 8-39　疏剪主枝延长枝基部的侧枝

图 8-40　疏剪主枝延长枝基部的侧枝

图 8-41　疏剪树冠外围过密的侧枝

图8-43 短剪树冠外围长枝后抽出的春

图8-42 短剪树冠外围的长枝

三、密闭树的修剪

柚类树冠高大，长势旺盛，枝叶生长量大，进入丰产期后，若不注重修剪或修剪不及时、不合理，容易出现树冠荫蔽，内膛干枯枝、病虫枝逐年增多，结果母枝逐年减少，内膛空虚，产量和品质下降，逐步变成密、衰弱、低产、劣质树（图8-44）。因此，密闭树的修剪极其必要。

密闭树的修剪在生理落果结束后直至翌年春梢萌芽前均可进行。主要通过开天窗、株行间大枝修剪等方式修剪。这两种修剪方式，既省工省时，技术简单容易掌握，而且效果明显。但在应用时，仍要注意掌握分寸，避免修剪不当造成损失。

图8-44 缺乏修剪的密闭树

（一）开天窗

在生理落果结束后的6～7

月至翌年春梢萌芽前，将树冠中上部直径 1～6厘米或更大的直立、密生、交叉生长，相互遮挡光照的大枝（图 8-45、图 8-46）用锯子锯掉。锯掉大枝的数量，要根据密闭程度而定。一般先在树冠顶部中间的位置开 1 个天窗，之后，若树冠其他位置还是过密，就继续在过密处再开 1 个天窗，直至整个树冠通风透光条件明显改善为止。

图 8-45　锯掉树冠中上部大枝，改善通透条件

图 8-46　在树冠中心开天窗

开天窗时注意，如果树冠内膛枝叶较多，则从大枝的基部锯掉（图 8-47），如果内膛枝叶较少，宜适当保留大枝下面的侧枝（图 8-48），以免内膛过分空虚。

图 8-47　疏剪大枝时不保留下部的侧枝

图 8-48　疏剪大枝时保留下部的侧枝

（二）株行间大枝修剪

种植密度大或成年柚园，往往容易因缺乏修剪出现株行间枝组交叉严重、干枯枝多的现象。对此，可进行株行间大枝修剪。所谓株行间大枝修剪，就是将株间或行间若干交叉大枝进行短剪或疏剪，使株行间枝组不交叉，通风透光良好。

1.**株间大枝修剪**　一是将相邻两株其中1株树的1～2根基部直径3～6厘米或更粗的大枝从基部锯掉，让株间空出一个位置（图8-49）。二是将相邻两株树的株间，各从错位的位置从基部锯掉1～2根基部直径3～6厘米或更粗的大枝。

2.**行间大枝修剪**　将相邻两株的行间若干大枝进行重剪，将大枝中上部交叉部分枝组进行疏剪或重短剪（图8-50），大枝中下部侧枝适当保留。

图8-49　疏剪株间大枝　　　　图8-50　疏剪行间交叉大枝

3.**株行间大枝修剪**　同时进行株间、行间的交叉大枝疏剪或短剪。修剪方法同上。

4.**间伐**　对树龄大的密闭老柚园，只进行株间、行间或株行间大枝修剪，有时出现工作量大、效果不理想的情况。此时，可在隔1株间伐1株的基础上，对留下的树再行开天窗，或在大枝修剪1～3年后再行隔株间伐。

（三）短剪树冠内膛衰弱长枝和外围长枝

在开天窗、间伐的基础上，将树冠内膛的光秃衰弱长枝在当年春梢的上方进行短剪（图8-51），让其抽出春梢，以更新复壮结果母枝（图8-52）；同时，短剪树冠中上部外围影响树形的长枝（图8-53），降低树冠高度。

图8-51　短剪树冠内膛的衰弱长枝

图8-52　短剪树冠内膛光秃长枝后抽出的春梢，可培养成为新的结果母枝

图8-53　短剪树冠顶部直立，扰乱树形的长枝

第九章
提高果实品质的技术

对柚类而言，果实品质的优劣与销售价格的关系十分密切，沙田柚、桂柚1号果实大小适中、皮薄、风味浓、果肉甜脆化渣、无异味；蜜柚、泰国红肉柚、永红矮晚柚类果实大小适中、皮薄、汁多无籽或少籽、风味浓、甜酸适中、果肉化渣、无异味、无粒化现象，受到消费者的青睐，果品销售价格较高，经济效益好。相反，如果柚类果实味淡、或有异味、或皮厚渣多、或汁胞出现粒化现象，或红肉、三红蜜柚着色不好，则消费者不喜欢，果品销售难或价格低，效益差甚至亏本。因此，如何提高柚类果实品质，已成为柚类栽培过程中十分关键的一环。

一、影响柚类果实品质的因素

（一）产地

一般而言，在同等管理条件下，柚类在热带地区种植比在亚热带地区种植表现更好，果大、皮薄、味甜、风味浓，品质较优；而在温带地区种植，果较小、皮较厚，红肉蜜柚果肉、三红蜜柚果皮与果肉着色不理想，糖度较低或酸度较高，风味较淡，品质不理想。如在广西容县种植的蜜柚，9月成熟，表现早熟、皮薄、风味浓、酸甜适中，具有早熟、品质优良、销售价格高等优势，但在广西桂林或高海拔区域种植，11月才成熟，表现迟熟、皮较厚（图9-1、图9-2）、味较酸，没有熟期与品质优势。沙田柚、桂柚1号在广西容县、桂林的表现差异也类似（图9-3、图9-4）。因此，柚类适宜种植区域的选择极其重要。

图9-1　2015年9月28日采自广西容县（左）、阳朔（中）和蒙山县海拔600米果园（右）的红肉蜜柚

图9-3　2014年10月28日，产自容县的三年生桂柚1号早熟皮薄风味浓

图9-2　2014年9月1日海拔650米（上）、阳朔（中）与容县（下）种植的红肉蜜柚

（二）树龄

一般而言，在同一果园，柚类初结果树的果实果皮较厚、较粗糙（图9-5），果实可溶性固形物含量较低，风味较淡。随着树龄的增长，果皮逐步变薄变光滑，可溶性固形物含量逐步提高，风味变浓，综合品质越来越好。但也有特殊情况，在积温较高、温差较大的地方，如在广西容县，这种现象就不明显。只要管理得当，注重施用优质有机肥，幼树果实品质一样优质（图9-6）。

图9-4 2014年10月28日，产自桂林市的三年生桂柚1号迟熟皮厚风味淡

图9-5 刚投产树果皮较厚而粗糙

图9-6 产自容县的三年生沙田柚与桂柚1号采收时可溶性固形物含量分别达到14.3%和14.9%

（三）气温

气温主要通过年有效积温、果实成熟期间的昼夜温差大小影响果实大小、糖酸等内含物的转化与积累，最后影响果实风味、果肉与果皮颜色。在湖南、桂北等积温较低及500米以上高海拔的地方种植，年平均气温和年有效积温都低，果实糖低酸高，可溶性固形物含量较低。红肉蜜柚、三红蜜柚果肉、果皮着色不理想，品种本身特有的番茄红色无法充分体现，果肉着色浅

图9-7　2015年9月21日，产自海拔600米以上的红肉蜜柚皮厚，着色较浅

（图9-7、图9-8），三红蜜柚果皮着色差甚至不着色（图9-9）。

图9-8　2011年11月15日，产自阳朔的红肉蜜柚果肉着色差

图9-9　三红蜜柚果皮着色差

在福建、广东及桂南等地的低海拔地区种植，年平均气温与年有效积温均较高，果实生长发育快，果实皮薄、糖高酸低，可溶性固形物含量较高。红肉蜜柚、三红蜜柚果肉、果皮充分着色（图9-10），品种本身特有的番茄红色能充分体现，果肉着色理想（图9-11），三红蜜柚果皮着色也较好，果实风味浓，口感佳。但

图9-10　三红蜜柚果皮着色理想

在海南、越南、泰国等热带产区，积温高、温差小，柚类果实成熟时果皮仍为绿色（图9-12）。

　　果实成熟期间，昼夜温差大，有利于糖分积累，可溶性固形物含量较高，果实风味浓甜；昼夜温差小，不

图9-11　2017年9月20日，产自广西容县的红肉蜜柚果肉着色情况

图9-12　在海南海口7月下旬至8月上旬成熟的水晶柚

利于糖分积累，可溶性固形物含量较低，果实风味较淡。因此，在有效积温较高、昼夜温差较大的热带、亚热带产区特别是山地果园，果实品质往往优良，相反，则较差。

（四）土壤

　　土壤有机质含量高、疏松肥沃，果实品质好；土壤有机质含量低、酸、瘦、板结，果实品质差。因此，在同等管理水平条件下，红、黄壤土上种植的柚类品质较差，而在沙壤土上种植的品质较好。

（五）施肥

　　肥料种类对果实品质影响很大。果园施用有机肥特别是优质

有机肥较多，则果实品质优良，味甜、风味浓；反之，施用化肥多有机肥少或仅施用化肥，则果实品质差，风味淡。如蜜柚类，如果偏施化肥，不但味淡，还容易出现果肉汁胞粒化（木栓化）现象（图9-13、图9-14），难以下咽，初结果树尤其明显。

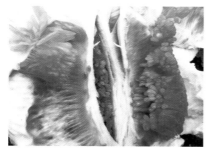 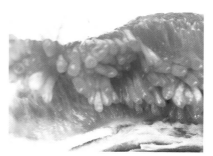

图9-13　红肉蜜柚汁胞粒化　　　　图9-14　红肉蜜柚汁胞粒化

（六）水分

降雨多少、采前土壤含水量高低对果实特别是沙田柚、桂柚1号果实可溶性固形物含量影响极大。采前淋水、降雨特别是大量淋水或降中雨、大雨或台风雨，会明显提高土壤含水量，根系大量吸收水分，果实细胞吸水量增加，果实可溶性固形物含量因此明显降低，风味变淡。而采前、采果期间适当干旱，可降低土壤含水量，果实可溶性固形物含量提高，果实风味浓甜、口感佳。所以，山坡地土壤含水量比平地、水田低，果实品质相对较好。尤其在采果期间降雨较多的时候，这种差异更为明显。

（七）果实套袋

套袋果实果皮外观光滑细腻、有光泽，病虫斑少或无，果皮着色均匀（图9-15、图9-16），不套袋果实则外果皮较粗糙、光泽较差，较容易受风刮伤（图9-17）、冰雹（图9-18）、日灼（图9-19）而出现不同程度的疤痕，影响果实外观。

图 9-15　套袋沙田柚果皮细腻、光滑、光亮、着色均匀

图 9-16　套袋红肉蜜柚果实着色均匀、果皮光滑、细腻有光泽

图 9-17　风害导致外果皮受伤留下的疤痕

图 9-18　幼果期遭受冰雹为害导致的果皮损害

图 9-19　日灼病引起的果皮灼伤

（八）病虫害

病虫害对鲜果果实外观品质影响大。柑橘溃疡病、介壳虫、脂点黄斑病、黑星病、疮痂病、锈壁虱、蓟马等为害（图9-20至图

9-24），直接导致果皮产生病虫斑点，影响外观和销售。柑橘溃疡病是检疫性病害，还直接影响流通。柑橘黄龙病为害，果实变小、畸形，果皮变厚（图9-25、图9-26），果肉味淡、味苦，不能食用。疫病、青绿霉病、炭疽病等为害，果实不同程度腐烂。

图 9-20　脂点黄斑病病斑严重影响果实外观质量

图 9-21　介壳虫为害影响果实外观质量

图 9-22　柑橘溃疡病斑严重影响果实外观与流通

图 9-24　溃疡病果难以销售

图 9-23　柑橘锈蜘蛛为害果

图9-25　柑橘黄龙病导致红肉蜜柚果　　　图9-26　柑橘黄龙病导致沙田柚果实
　　　　　小味淡　　　　　　　　　　　　　　　　　畸形、皮厚、味淡、味苦

（九）采收时期

采收过早，果实没有成熟，品质不佳；成熟后采收，果实重量才趋于稳定，品种特有的品质才充分体现出来。果实特别是蜜柚类果实皮薄，汁多肉脆，酸甜适中，风味浓，口感佳，果实采收过迟，果肉汁胞容易粒化，糖度下降，酸度上升，风味变差。

（十）采后贮藏期限

沙田柚、桂柚1号果实特别是在果实成熟期间降雨较多的年份，采后经1个月左右的贮藏，其淀粉会继续转化成糖，可溶性固形物含量逐步提高，因此，果实将变得更甜，风味更浓，口感更好。一般情况下，果实经30～40天的采后贮藏，果实风味、口感俱佳。

蜜柚类果实在采收时至采后15～30天内，果实品质变化不大。但随着贮藏时间的延长特别是没有套袋的果实，容易出现果皮严重失水萎蔫，果肉变软，糖度下降，酸度增加，甚至出现汁胞木质化（粒化）现象（图9-27、图9-28）。

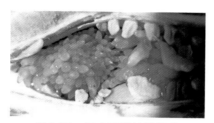

图9-27 红肉蜜柚汁胞粒化

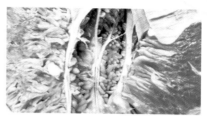

图9-28 红肉蜜柚贮藏3个月后汁胞
严重粒化

二、提高果实品质的措施

（一）适地适栽

根据柚类各品种的特性、对气候与土壤等条件的要求，合理选择种植区域与品种。沙田柚、桂柚1号最适宜在年平均气温18～22℃，≥10℃的年有效积温5 800℃以上，1月平均气温7.8～14.0℃，绝对最低温度≥-3℃的区域种植。蜜柚类品种在年平均气温、≥10℃的年有效积温过低区域种植，成熟晚、着色差，品质不理想，上市期、价格没有优势，缺乏市场竞争力，经济效益不理想。

（二）坚持增施优质有机肥

平时施肥时，以有机肥为主，多施优质有机肥，少施化肥，特别是采果前的3个月内，尽量不施尿素、复合肥等化肥，特别是氮肥。沙田柚、桂柚1号，可在5～6月，在树冠两侧开沟施1次花生麸或虾肽生物有机肥，或在采果当月的前3个月，每月淋施1次腐熟的花生麸水，可明显提高果实品质。

根据笔者2012—2013年在广西容县的试验结果，不同时期施用花生麸对沙田柚果实品质的影响存在较大的差异：

处理1：株施堆沤腐熟的花生麸2.0千克。

处理2：株施堆沤腐熟的花生麸4.0千克。

处理3：株施堆沤腐熟的花生麸6.0千克。

处理4：7～9月，每20天株淋施一次堆沤腐熟的花生麸水15～20千克（每次折合干麸量2.5千克），共淋施4次。

处理5：7月下旬株施堆沤腐熟的花生麸6.0千克。

处理6：8月中旬株施堆沤腐熟的花生麸6.0千克。

对照（CK）：不施花生麸，按果园的日常措施进行管理。

施肥时期与方法

（1）处理1、2和3：每年7月中旬，在选定的每株供试树树冠两侧滴水线附近，各挖深0.2米、宽0.3米、长1.5米的环形沟2条，沟内按上述处理及田间排列施入堆沤腐熟的花生麸，施后盖土，淋水至土壤湿润后盖草保湿。

施肥前，处理1～3施的肥料提前加入石灰0.5千克拌匀后一起堆沤，其他按正常管理。

（2）处理4：从7月中旬开始，每20天左右淋施1次。第一次施肥时，在树冠两侧的滴水线附近挖深、宽各20厘米左右的环沟2条，沟长1.5米左右，水肥淋施到沟内。以后每次施肥时，将水肥淋施到沟内。

（3）处理5、6：分别在7月下旬、8月中旬按处理1、2、3的施用方法施肥。

（4）对照：在处理1、2、3施肥时，按同样方法挖沟，挖好后回填土壤，淋水，盖草保温。

表9-1、表9-2试验结果表明，花生麸施用量及施用时间不同对果园土壤有效养分和沙田柚叶片矿物质含量的影响不同。各处理果园土壤pH均比对照低，说明施用花生麸使果园土壤pH降低，因此在生产上施用花生麸时应配合施用石灰以调节土壤酸碱度，提高肥效。

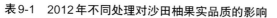

表9-1　2012年不同处理对沙田柚果实品质的影响

处理	单果重（克）	可食率（%）	总糖（%）	可滴定酸（%）	每100克果实中维生素C（毫克）	可溶性固形物（%）	固酸比	风　味
1	1 081.9	45.59	9.67	0.3	93.84	13	43.3∶1	甜脆可口
2	1 050.8	43.34	10.18	0.3	93.43	14	46.7∶1	味浓、甜脆可口
3	991.62	44.34	10.08	0.33	94.39	13.6	41.2∶1	甜脆可口、水分稍少
4	938.24	43.47	9.76	0.27	90.27	13.6	50.4∶1	甜脆可口
5	1 018.4	41.53	7.35	0.29	100.58	12.2	42.1∶1	甜脆可口
6	1 118.2	42.39	7.91	0.31	92.06	12.93	41.7∶1	甜脆可口
CK	1 087.8	43.67	8.09	0.27	90.00	13.07	48.4∶1	甜脆可口

表9-2　2013年施用花生麸对沙田柚果实品质的影响

处理	单果重（克）	可食率（%）	总糖（%）	可滴定酸（%）	每100克果实中维生素C（毫克）	可溶性固形物（%）	固酸比	风　味
1	955	46.16	11.43	0.30	111.06	13.03	43.4	酸甜适中、肉质爽脆
2	982.5	42.30	10.72	0.35	115.42	13.48	38.5	酸甜适中
3	1 037.5	46.55	10.37	0.31	110.53	13.53	43.6∶1	脆甜爽口、化渣
4	963.4	45.71	10.26	0.33	115.03	13.38	40.5∶1	酸甜适中、中等化渣
5	1 037.5	46.63	10.11	0.27	106.72	12.68	47.0∶1	酸甜适中、中等化渣
6	1 124.75	48.42	10.25	0.30	108.16	12.28	40.9∶1	味较淡、不化渣
CK	1 063.33	50.15	10.05	0.29	118.99	12.8	44.1∶1	味淡、不化渣、肉硬

花生麸施用量及施用时间的不同对沙田柚果实品质有着不同的影响，2012—2013年的结果表明，处理2和处理3，或处理4，采收时果实可溶性固形物含量可提高至13.38%～14%，比对照的12.8%～13.07%提高0.58～0.93个百分点。虽然提高的百分点不大，但在2年内，果实可溶性固形物含量都达到了13%以上，而13%是沙田柚果实采收时判定其品质优劣的分水岭。通常情况下，只要采收时果实可溶性固形物达到13%或以上，果实品质就好，表现为味甜，风味浓，口感佳，反之在13%以下，则果实品质不理想，表现为味淡，不够甜，口感不佳。因此，处理2、3和4对改善沙田柚果实品质的效果明显。

7月以后沟施花生麸对改善沙田柚果实品质的作用不大。因此在生产上为改善沙田柚果实品质宜在7月中旬树盘开沟施入堆沤腐熟的花生麸4.0～6.0千克，或在7～9月淋施4次堆沤腐熟的花生麸水。

（三）合理疏果

通过合理疏果，减少小果、畸形果，提高果实整齐度，从而提高商品果率。

（四）及时套袋

通过及时套袋，既防病虫又避免风、冰雹等机械损伤，改善果实外观品质。

（五）综合防控病虫害

在平时管理过程中，注重柑橘黄龙病、溃疡病、灰霉病、炭疽病、疮痂病、黑星病、黑点病、黄斑病、蚧类、蓟马、锈蜘蛛等病虫的防控。

（六）采前控水

采收前25 ～ 30天，果园不淋水，保持土壤适当干旱；在容易出现台风雨的果园，密切关注天气预报，赶在台风雨前将果实采收完毕。实在无法避免时，应在降雨后7 ～ 10天后再采果。也可以在果实成熟期间用塑料薄膜覆盖树盘（图9-29）或树冠（图9-30），降低土壤含水量，减少根系、叶片和果实对水分的吸收，避免或减轻可溶性固形物含量的下降，确保果实味甜、风味浓。

图9-30　树冠覆盖塑料薄膜，减少根系、叶片与果实吸收水分，提高果实含糖量

图9-29　树盘覆盖黑色地膜，降低土壤含水量，提高果实含糖量

（七）采后适当后熟

沙田柚、桂柚1号果实采收后，宜放通风处常温贮藏1 ～ 2个月，待风味、口感更佳时再食用。

第十章
低产果园的综合治理

单产低、采收时果实可溶性固形物含量11%以下，单果重小于900克的果实比例过大，商品率低，将严重影响柚类的销售和经济效益。因此，在栽培过程中，应针对不同的低产劣质果园，采取相应的技术措施，既提高产量又改善果实品质。

一、低产原因

(一) 果园土壤改良不力

根据在阳朔10个果园取样分析土壤有机质含量，施有机肥少，有机质含量只有1.639%～2.490%，平均仅1.79%，离肥沃土壤3%以上的要求相差很大；同时，土壤偏酸，pH 4.2～4.6，平均只有4.3，达不到最适土壤pH 5.5～6.5的要求。土壤有机质少、酸性大，导致土壤板结，不疏松，通透性差，根系生长受阻，根不深叶不茂，树势不健壮，产量、品质因此下降。

施肥少或偏施氮肥，树体营养不平衡，影响开花结果。大部分园土为红、黄壤，土壤缺乏有机质，酸度大、易板结、养分少，不利于根系的生长，必须经常深施有机肥改土才能创造肥沃疏松的土壤环境。但部分果园不注重改良土壤，2～3年才深施一次有机肥，追肥以化肥，其中又以氮肥为主，导致树体徒长，花少或无花，产量低，品质差；或施肥量不足、有机肥少、方法不对，造成效果不明显，部分果实品质差，可溶性固形物含量低，风味淡，有时还出现苦味等异味，严重影响果实品质、销售和效益。较好的土壤有机含量应达3%以上，最适土壤pH为5.5 ~ 6.5。

（二）长势过旺，无花或少花

初结果树、青壮年结果树树冠较直立，树势较旺，导致营养生长与生殖生长不平衡，营养生长过旺，生殖生长过弱，花芽分化无法顺利进行，出现花少甚至无花现象（图10-1）。

（三）花芽分化调控时期不当

图10-1　适龄结果树开花结果少

在对旺长树进行环割、喷施生长抑制剂如多效唑时，时间不对。生产上很多果园迟至11 ~ 12月才进行环割或喷施生长抑制剂，错过了决定柚类成花的花芽生理分化期，促化效果差甚至完全没有效果。

（四）授粉受精质量差

沙田柚开花期间，需要进行人工异花授粉才能正常结果。但经常会因以下因素导致人工异花授粉受精质量的下降，最终造成坐果率低：一是沙田柚树冠高大，农村劳动力一般以中老年为主，他们难以爬到树上去授粉，出现树冠中上部授粉少或授不了粉（图10-2）；二是花期细雨绵绵、湿度大，授粉品种的花粉散不开（图10-3），花药上的花粉少，落在柱头上的花粉不足，结果虽授了粉但受精质量差；三是花期持续高温使柱头黏液短时间内干涸，不利于花粉的萌发；四是因花期持续降雨，无法完成人工异花授

图10-2　树冠高大，授粉质量差导致低产

图10-3　持续阴雨导致湿度大，花药难打开，花粉极少

粉和受精；五是果园面积过大，单位面积授粉人员少，授粉次数、花数少。

（五）不良天气加重生理落果

在柚类第一次生理落果期间，若出现连续2～3天的异常高温（30℃）以上的天气，第一次生理落果将于翌日或第3日加重。因此，在第一次生理落果期间，若出现异常高温天气，生理落果就会加重，甚至出现异常落果。

（六）缺乏灌溉条件，果实发育受阻

大部分果园建在山坡、丘陵地带，水源不充足或离水源远，秋冬干旱季节无水或水少，灌溉困难，部分果园只能靠天解决灌溉问题，严重影响果实的生长发育，果实偏小。

（七）修剪不当或不修剪，造成光照不足

20世纪90年代初规模种植的果园，已进入盛果期且树冠高大，但由于管理人员未掌握修剪技术或果园面积过大、人工难请或费用过高，导致无法完成修剪或修剪质量差，果园株行间交叉

后株间行间中下部、树冠内膛密不透风，光照严重不足（图10-4）、叶片较薄（表10-1），介壳虫、蜗牛、炭疽病等病虫害频发，枝叶大量枯死，树冠中下部结果母枝逐年减少，内膛空（图10-5、图10-6），结果部位无奈上移，最终造成平面结果（图10-7、图10-8），产量无法提高，果实品质下降，效益下滑。

图10-4　株行间及内膛密闭严重，光照极差的低产柚园

图10-5　缺乏修剪导致枝条直立，通透条件差，结果母枝少

图10-6　树冠内膛空虚

图10-7　修剪不当造成衰老树内膛空虚，平面结果严重

图10-8　平面结果低产柚园

表10-1　沙田柚高低产果园光照强度及产量的对比

离地面高度（厘米）	高产园光照强度（A）			低产园光照强度（B）			A比B增加		
	内膛（勒）	株间（勒）	叶片厚度（毫米）	内膛（勒）	株间（勒）	叶片厚度（毫米）	内膛（勒）	株间（勒）	叶片厚度（%）
0	900	700		700	900		200	200	
50	1 000	400		800	1 200		200	800	
100	1 200	1 400	0.325	900	1 000	0.308	300	400	5.52
150	1 500	2 000		800	700		700	1 300	
200	3 300	3 600		1 500	1 300		1 800	2 300	
亩产量（千克）		3 847.1			989.3			2 857.8	

（八）病虫害防治不及时

柚树高大、枝繁叶茂，春、夏季节降雨频繁，经常出现无法及时喷药防治病虫害的现象，造成红蜘蛛、锈蜘蛛、溃疡病、褐腐病（图10-9）、黄斑病、煤烟病、炭疽病等的为害，果实产量和品质均受影响。特别是近十多年来，随着小实蝇的传播与加重，不套袋或套袋过迟的果园，尤其是附近种植早熟柑、番石榴、瓜菜类等果蔬的柚园，因小实蝇为害造成的烂果落果较为严重。另外，在橘实柚瘿蚊为害严重的果园，如防控措施不及时，也容易导致严重落果（图10-10）。

图10-9　褐腐病造成严重烂果落果

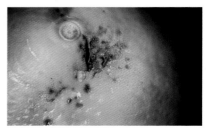

图10-10　橘实柚瘿蚊为害状

（九）不合理疏果，商品率低

受片面追求产量及小农经济意识或不掌握疏果技术的影响，有的果农不舍得疏果或疏果不够及时，未彻底将小果、过多过密的"大果"疏掉，甚至将溃疡病果留在树上，造成果实整齐度差，果实偏小，单果重不足900克的果数高达1/5 ～ 1/4，商品率不高（图10-11）。

图10-11　果实整齐度差

（十）果园规模过大，导致投入不足，管理与技术不到位

部分果园规模过大，面积300 ～ 5 000亩不等，经常出现资金、人员与技术不能及时到位的情况，造成技术措施延误或根本无法落实，工作效率低下，管理漏洞多，表现为修剪少、深施重肥少、喷药不及时、沙田柚人工授粉质量差、病虫普遍较多较严重等，最终导致产量低、品质差。

二、低产果园综合治理的成效

2001—2006年，笔者在广西阳朔开展了沙田柚低产果园综合治理技术的研究与示范，治理效果明显。

（一）六至八年生树综合治理的效果

表10-2和表10-3表明，经综合治理后，六至八年生沙田柚产量、可溶性固形物含量和商品果率均明显提高：2002—2004年处理区产量达到3 850.69千克/亩，比对照区提高了37.19%；处理区的果实可溶性固形物含量11.26%，比对照区减少了4.01%；处理区的商品果率97.89%，比对照区提高了6.67%。

表10-2　六年生沙田柚的产量

项　目	产　量（千克/亩）			
	2002年	2003年	2004年	平均
处理区	3 448.4	3 191.8	4 911.88	3 850.69
对照区		2 177.0	3 666.70	2 921.85
处理比对照提高		46.61%	33.96%	31.79%

表10-3　六年生沙田柚果实的固形物含量和商品果率

项　目	可溶性固形物含量（%）				商品果率（%）			
	2002年	2003年	2004年	平均	2002年	2003年	2004年	平均
处理区	11.0	11.5	11.28	11.26	97.1	96.7	99.88	97.89
对照区		10.1	13.35	11.73		86.7	96.84	91.77
处理比对照提高		13.86%	−15.51%	−4.01%		11.53%	3.14%	6.67%

注：商品果率=商品果数/总结果数×100%。商品果指单果重量≥900克、果皮无明显病虫为害、果形端正的果实，下同。

（二）八至十三年生树综合治理的效果

2002—2005年，八至十三年生沙田柚亩产量、可溶性固形物含量及商品果率的对比：处理区产量高达3 076.34千克/亩（图10-12），比对照区提高了81.84%；可溶性固形物含量为12.4%，比对照提高了11.0%；处理区的商品果率为94.34%，比对照提高了5.6%（表10-4、表10-5）。

图10-12　沙田柚低产果园综合治理后的结果情况

表10-4　八年生沙田柚的产量

项　目	产　量（千克/亩）				
	2002年	2003年	2004年	2005年	平均
处理区	2 861.85	3 274.5	3 650.84	2 518.17	3 076.34
对照区		1 473.8	2 515.90	1 085.59	1 691.76
处理比对照提高		122.18%	45.11%	131.96%	81.84%

　　显然，处理区八年生沙田柚的产量、可溶性固形物含量及商品果率均明显高于对照区，综合治理效果显著。

表10-5　八年生沙田柚果实的可溶性固形物含量和商品果率

项　目	可溶性固形物含量（%）					商品果率（%）				
	2002年	2003年	2004年	2005年	平均	2002年	2003年	2004年	2005年	平均
处理区	11.4	12.03	13.47	12.74	12.41	88.9	93.57	98.48	96.39	94.34
对照区		9.93	11.49	12.13	11.18		84.67	91.32	92.16	89.38
处理比对照提高		21.15%	17.23%	5.03%	11.0%		10.51%	7.84%	4.59%	5.60%

　　2017—2018年，通过增施优质有机肥、冬春季2次疏剪、提高人工授粉质量、2,4-滴保果等措施，广西融储金钱果业有限公司1993年种植的二十五年生山地红壤沙田柚低产果园改造区的亩产量达到2 559.67千克（图10-14），比对照园的1 914.88千克（图10-13）提高了644.79千克，亩均增产33.67%。

图10-13　二十年生低产对照果园结果极少

图10-14　二十年生低产果园处理树结果累累

三、青壮年低产果园综合治理技术

（一）合理修剪，改善通风透光条件

一是适当疏删树冠中上部尤其是顶部2～4厘米粗的直立、交叉大枝（图10-15、图10-16）；二是坚持每年或隔年回缩株行间的

图10-15　冬季修剪时锯掉树冠顶部
直立、交叉大枝

图10-16　疏剪树冠中上部的交叉大枝

交叉枝和衰退枝，株行间留出约50厘米的空间（图10-17），让光照充分透进树冠内膛和中下部，避免结果母枝枯死，提高结果母枝和花芽质量；三是对株间、行间均已交叉的密闭果园，在冬、春季将树冠顶部中心或在树冠东、南、西、北四个方向将直立、交叉、遮挡光照的直径2～3厘米的大枝疏掉（图10-18、图10-19）；四是剪掉干枯枝（图10-20）。

图10-17 株行间回缩修剪，留出足够的空间

图10-18 冬季锯掉直径约3厘米的直立交叉大枝

图10-20 疏剪干枯枝

图10-19 在冬季萌芽前疏剪直径2～3厘米的直立过密大枝

（二）培育质优量足的结果母枝

在修剪、施肥时，既考虑能促发树冠内膛、中下部的春梢，又避免将树冠内细弱、无叶或有叶春梢当弱枝剪掉，确保结果母枝的数量和质量，为花芽分化创造条件。

（三）调控花芽分化，保证花芽数量和质量

柚类花芽生理分化期从9月中下旬开始，所以促进旺树花芽分化最理想的时期在9月上中旬，其中桂南以9月上旬为宜，桂中、桂北以9月中下旬为宜。

（四）花期进行人工异花授粉，提高沙田柚的坐果率

花期利用酸柚、桂柚1号、蜜柚类等既能提高坐果率、花期与沙田柚相遇、经济价值较高的授粉品种花粉，对沙田柚进行有效的人工异花授粉，这样授粉的坐果率可高达37%～54%。

（五）喷施植物生长调节剂，抑制生理落果

根据品种、天气、树势和幼果数量等情况，合理喷施赤霉酸、2,4-滴溶液，减少生理落果，提高坐果率。

（六）合理排灌，满足果实生长发育对水分的需要

果实发育中后期（8～11月），正值秋旱，此期水分的不足，不仅阻碍果实进一步膨大和内含物的变化，影响当年产量和果实品质，而且会导致叶片萎蔫脱落，影响有机物的同化和花芽分化，进而影响翌年的产量，故秋旱期间宜适当灌水，除9～10月花芽生理分化期不宜过多灌水外，8月、11月宜保持土壤湿润，以减轻旱害。

（七）合理疏果，减少养分消耗

结果过多时，在第一次生理落果结束后、果实横径0.5～1.0

厘米时，按每一结果母枝留果1～2个的标准，将过多过密的小果、畸形果、病果疏掉。

（八）施用优质有机肥

坚持每年（至少每两年）深施优质有机肥1次，改良土壤，为根系生长创造疏松肥沃的土壤条件。

（九）及时进行果实套袋

在幼果期根据品种的不同，选用1～3层的专用套果袋及时套袋，减轻病虫为害，提高产量与品质。

（十）综合防治病虫害

加强病虫发生情况的调查，及时对病虫为害情况作出判断，对达到防治指标的病虫害，及时采取有效措施防控。

四、衰老低产果园的综合治理

衰老低产柚园可先进行高接换种或更新主枝、树冠后，再按青壮年柚类低产果园综合治理技术进行管理。

（一）高接换种

对没有黄龙病的树，可于春季进行高位嫁接新品种，更新品种与树冠，提高结果能力。

对树龄10年以下的低产劣质柚树，可于春梢萌芽前的1月下旬至2月上旬，在低产树的主枝或侧枝（图10-21）上高位切接自花结果的桂柚1号或

图10-21　春梢萌芽前在沙田柚低产树上高接桂柚1号

其他不需人工授粉的柚类良种，达到更新品种、树冠（图10-22、图10-23），节省人工授粉成本，提高产量和经济效益的目的。

图10-22　高接后的春夏梢生长情况

图10-23　高接后1年，树冠初步形成

对树龄10年以上、主枝或侧枝过粗的衰老低产柚树，可在春梢萌芽前25～30天，在离地面高1米左右处，锯断主枝，待其抽出春梢并老熟后（图10-24），在5月用桂柚1号或红肉蜜柚、三红蜜柚等良种进行腹接（图10-25、图10-26）；或在秋梢萌芽前20天左右，短剪（锯）主枝，待其抽出秋梢并老熟后，在翌年1月用桂柚1号或红肉蜜柚、三红蜜柚进行切接（图10-27、图10-28），从而达到更新品种和树冠的目的。

图10-24　在5月将二十四年生衰老低产柚树主枝更新后抽出的春梢老熟后进行高位腹接

高接后，正常管理1年后树冠初步恢复，如配合用多效唑处理，翌年

图 10-25　在春梢老熟后的 5 月进行腹接

图 10-26　5 月腹接后抽出的夏梢

图 10-27　7 月中旬锯断主枝，10 月中旬秋梢已老熟

图 10-28　秋梢老熟后，在 1 月下旬进行切接

即可开花结果，最迟2年即可恢复树冠，正常结果，产量逐步提高。

（二）更新复壮树冠

对于不计划更新品种的衰弱低产柚树（图10-29），可在春梢萌芽前30～40天，在离地面高1～1.2米处，短剪（锯）主枝（图10-30），待其抽出春梢后，每条主枝上选留健壮、分枝角度好的春梢1～2条，培养成为新的主枝（图10-31）。之后通过1～2年的生长，可完全复壮形成新的健壮树冠（图10-32），恢复或提升结果能力，改善果实品质。

图10-29　用于树冠更新
的衰弱低产树

图10-30　提前30～40天锯断衰老柚树主枝

图10-32　主枝更新后1年，衰弱的
树冠更新复壮，基本成形

图10-31　春梢抽出后在每条主枝上选留
1条健壮新梢培养成新的主枝

柚类标准化栽培关键技术

随着劳动力、农资成本的上涨及果品价格的波动，果园日常管理的难度也在增大。因此，如何简化柚类果园的管理技术，集成一套简单、实用，成效明显的标准化栽培关键技术，已成当务之急。现根据不同种类与品种特性、结果习性等的不同，以在桂南柚类管理为例分别总结其标准化栽培关键技术。

一、沙田柚结果树标准化栽培关键技术

月份	物候期	关键栽培技术
1	花芽形态分化期	冬季清园与施肥
2	春梢萌芽、现蕾期	1.叶面追肥1次； 2.防治绿球藻等； 3.淋水或施水肥抗春旱； 4.施萌芽肥
3	春梢生长、转绿期，花蕾期，花期，谢花期，第1次生理落果期	1.春梢自剪前，喷施1次15%多效唑可湿性粉剂800～900倍液； 2.防治红蜘蛛、花蕾蛆、黑蚱蝉、瘿蚊、小实蝇、木虱、蓟马、溃疡病、疮痂病、黄斑病、灰霉病等； 3.叶面喷施1次0.3%磷酸二氢钾+0.3%硼砂或速乐硼，或其他硼肥+中微量元素叶面肥； 4.3月上旬花蕾期疏花； 5.人工异花授粉

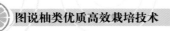

（续）

月份	物候期	关键栽培技术
4	第2次生理落果期，幼果迅速膨大期，春梢老熟期	1.上旬施1次稳果肥：淋施堆沤腐熟的粪水或麸水+中微量元素冲施肥1次； 2.防治瘿蚊、红蜘蛛、锈蜘蛛、蓟马、溃疡病、黑星病、疮痂病、黄斑病等； 3.叶面喷施1次8～10毫克/升85% 2,4-滴钠盐溶液保果； 4.施稳果肥：在树盘淋施1次堆沤腐熟的1%花生麸或菜麸水50千克+中微量元素冲施肥1次
5	第2次生理落果期，幼果迅速膨大期，夏梢萌发、生长期	1.防治介壳虫、红蜘蛛、锈蜘蛛、粉虱、潜叶蛾、木虱、溃疡病、黄斑病、褐腐病等； 2.疏果：疏掉病虫果、畸形果、过多的小果； 3.上旬用1～2层纸袋进行果实套袋； 4.施壮果肥：在株间开1条浅沟，株施0.25～0.5千克复合肥+优质有机肥5～7.5千克+花生麸2.5～3.5千克； 5.控抹早夏梢
6	第2次生理落果期，果实快速膨大期，夏梢转绿、老熟期	1.防治溃疡病、黄斑病、炭疽病、粉虱、红蜘蛛、木虱； 2.生理落果结束后，进行夏季修剪：疏剪干枯枝、病虫枝、交叉枝、短剪徒长枝； 3.深施有机肥
7	果实膨大期，秋梢萌发期	1.淋施1次腐熟花生麸水和鱼蛋白冲施肥； 2.防治红蜘蛛、锈蜘蛛、木虱、潜叶蛾、粉虱、介类、炭疽病、溃疡病等
8	果实缓慢膨大期，秋梢转绿、老熟期	1.淋施1次腐熟花生麸水和鱼蛋白冲施肥； 2.果园松土； 3.防旱抗旱
9	果实缓慢膨大期，花芽生理分化期	1.调控花芽分化：9月下旬环割、环扎、喷施多效唑促进旺树花芽分化； 2.中下旬适当控水控氮肥； 3.上旬淋施1次腐熟花生麸水和鱼蛋白冲施肥； 4.防治红蜘蛛、小实蝇、蚜虫、褐腐病等
10	果实开始着色期，花芽生理、形态分化期	1.上旬适当控水； 2.中下旬防干旱； 3.普查黄龙病、砍伐病树； 4.下旬开始采果

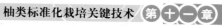

（续）

月份	物候期	关键栽培技术
11 ~ 12	果实着色、成熟期，花芽形态分化期，冬梢萌发、生长期	1.11月上旬继续采果； 2.冬季修剪：剪除枯枝、病虫枝、交叉枝和树冠下部铺地枝，短剪结果枝、徒长枝、树冠顶部过高营养枝及树冠外围衰弱营养枝； 3.冬季清园：修剪后，喷1次杀菌、杀虫药剂，如机油乳剂120倍液+代森锰锌可湿性粉剂500倍液或机油乳剂120倍液+苯醚甲环唑1 500 ~ 2 000倍液； 4.冬季施肥：在树冠两侧滴水线附近开2条深25 ~ 30厘米、长100 ~ 150厘米的环沟，株施复合肥0.5 ~ 1.0千克+优质有机肥5 ~ 10千克+花生麸2.5 ~ 5千克； 5.冬季翻土：酸性土全园撒施熟石灰1 ~ 2千克/株后浅翻土约15厘米

二、桂柚1号结果树标准化栽培关键技术

月份	物候期	关键栽培技术
1	花芽形态分化期	继续冬季修剪、清园与施肥
2	春梢萌芽、现蕾期	1.叶面追肥1次； 2.防治绿球藻、苔藓、溃疡病等； 3.施萌芽肥
3	春梢生长、转绿、老熟期，花蕾期，花期，谢花期，第1次生理落果期	1.春梢自剪前，叶面喷施1次15%多效唑可湿性粉剂800 ~ 900倍液； 2.防治红蜘蛛、花蕾蛆、瘿蚊、小实蝇、木虱、蓟马、溃疡病、疮痂病、黄斑病、灰霉病等； 3.叶面喷施1次0.3%磷酸二氢钾+0.3%硼砂或速乐硼，或其他硼肥+中微量元素叶面肥； 4.疏花序
4	第2次生理落果期，幼果迅速膨大期，春梢老熟期	1.上中旬施1次稳果肥：淋施堆沤腐熟的粪水或麸水+中微量元素冲施肥1次； 2.防治瘿蚊、红蜘蛛、黑星病、疮痂病、溃疡病、黄斑病、蓟马等； 3.疏果：疏掉病虫果、畸形果、过多的小果与过多正常发育的大果

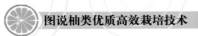

（续）

月份	物候期	关键栽培技术
5	第2次生理落果期，幼果迅速膨大期，夏梢萌发、生长期	1.叶面喷施1次8～10毫克/升85% 2,4-滴钠盐溶液保果； 2.施壮果肥：开浅沟株施0.25～0.5千克复合肥+优质有机肥5～7.5千克+花生麸2.5～3.5千克； 3.防治介壳虫、红蜘蛛、锈蜘蛛、粉虱、潜叶蛾、木虱、溃疡病、黄斑病、褐腐病等； 4.上中旬用1～2层纸袋进行果实套袋； 5.控抹早夏梢
6	第2次生理落果期，果实快速膨大期，夏梢转绿、老熟期	1.防治溃疡病、黄斑病、炭疽病、粉虱、红蜘蛛、木虱； 2.生理落果结束后，进行夏季修剪：疏剪干枯枝、病虫枝、交叉枝，短剪徒长枝
7	果实膨大期，秋梢萌发期	1.淋施1次腐熟花生麸水和鱼蛋白冲施肥； 2.深施重肥； 3.防治红蜘蛛、锈蜘蛛、木虱、炭疽病等
8	果实缓慢膨大期，秋梢转绿、老熟期	1.淋施1次腐熟花生麸水和鱼蛋白冲施肥； 2.果园松土； 3.防旱抗旱； 4.防治红蜘蛛、木虱、溃疡病
9	果实缓慢膨大期，果实着色成熟期，花芽生理分化期	1.调控花芽分化：环割、环扎、喷施多效唑促进旺树花芽分化； 2.中下旬适当控水控氮肥； 3.上旬淋施1次腐熟花生麸水和鱼蛋白冲施肥； 4.防治红蜘蛛、小实蝇、蚜虫、褐腐病等
10	花芽生理、形态分化期、果实成熟期	1.上旬适当控水； 2.中下旬防干旱； 3.普查黄龙病、砍伐病树
11～12	花芽形态分化期，冬梢萌发、生长期、果实成熟期	1.采果； 2.冬季修剪：剪除枯枝、病虫枝、交叉枝，短剪结果枝、徒长枝、树冠顶部过高营养枝及树冠外围衰弱营养枝，疏剪交叉大枝、树冠下部铺地枝； 3.冬季清园：修剪后，喷1次杀菌、杀虫药剂，如机油乳剂120倍液+代森锰锌可湿性粉剂500倍液或机油乳剂120倍液+苯醚甲环唑1 500～2 000倍液；

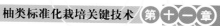

（续）

月份	物候期	关键栽培技术
11～12	花芽形态分化期，冬梢萌发、生长期、果实成熟期	4.冬季施肥：在树冠两侧滴水线附近开2条深25～30厘米、长100～150厘米的环沟，株施复合肥0.5～1.0千克+优质有机肥5～10千克+花生麸2.5～5千克； 5.冬季翻土：酸性土全园撒施熟石灰1～2千克/株后浅翻土约15厘米

三、红肉蜜柚、黄金蜜柚标准化栽培关键技术

月份	物候期	关键栽培技术
1	花芽形态分化期	冬季修剪、清园与施肥
2	春梢萌芽、现蕾期	1.叶面追肥1次； 2.防治绿球藻、苔藓等； 3.施萌芽肥
3	春梢生长、转绿、老熟期，花蕾期，花期，谢花期，第1次生理落果期	1.春梢自剪前，喷施1次15%多效唑可湿性粉剂800～900倍液； 2.防治红蜘蛛、花蕾蛆、小实蝇、木虱、蓟马、溃疡病、疮痂病、黄斑病、灰霉病等； 3.叶面喷施1次0.3%磷酸二氢钾+0.3%硼砂或速乐硼，或其他硼肥+中微量元素叶面肥； 4.疏花序； 5.保果：叶面分别喷施2次15～20毫克/升75%赤霉酸粉剂和8～12毫克/升85% 2,4-滴钠盐溶液，2次间隔视高温出现情况，异常高温或低温阴雨情况下隔1～2天，天气正常时间隔3～4天； 6.环割、环剥主干或主枝保果
4	第2次生理落果期，幼果迅速膨大期，春梢老熟期	1.中下旬施1次稳果肥：淋施堆沤腐熟的粪水或麸水+中微量元素冲施肥1次； 2.防治癭蚊、红蜘蛛、蓟马、溃疡病、黑星病、疮痂病、黄斑病、灰霉病等
5	第2次生理落果期，幼果迅速膨大期，夏梢萌发、生长期	1.施壮果肥：开浅沟株施0.25～0.5千克复合肥+优质有机肥5～7.5千克+花生麸2.5～3.5千克；

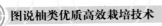

（续）

月份	物候期	关键栽培技术
5	第2次生理落果期，幼果迅速膨大期，夏梢萌发、生长期	2.防治介壳虫、锈蜘蛛、粉虱、潜叶蛾、木虱、溃疡病、黄斑病等； 3.疏果：疏掉病虫果、畸形果、过多的小果与过多正常发育果； 4.上旬用2层纸袋进行果实套袋； 5.控抹早夏梢
6	果实快速膨大期，夏梢转绿、老熟期	1.防治溃疡病、黄斑病、炭疽病、粉虱、红蜘蛛、木虱； 2.生理落果结束后，进行夏季修剪：疏剪干枯枝、病虫枝、交叉枝，短剪徒长枝
7	果实膨大期，秋梢萌发期	1.淋施1次腐熟花生麸水； 2.深施重肥； 3.防治红蜘蛛、锈蜘蛛、木虱、炭疽病等
8	果实缓慢膨大期，秋梢转绿、老熟期	1.淋施1次腐熟花生麸水； 2.果园松土； 3.防旱抗旱
9	果实缓慢膨大期，果实着色、成熟期，花芽生理分化期	1.调控花芽分化：环割、喷施多效唑促进旺树花芽分化； 2.中下旬适当控水控氮肥； 3.上旬抗旱； 4.防治红蜘蛛、小实蝇、蚜虫、褐腐病等； 5.采果
10	花芽生理、形态分化期	1.上旬适当控水； 2.中下旬防干旱； 3.普查黄龙病、砍伐病树
11～12	花芽形态分化期，冬梢萌发、生长期	1.冬季修剪：疏剪干枯枝、病虫枝、交叉枝；短剪结果枝、徒长枝、树冠顶部过高营养枝及树冠外围衰弱营养枝；疏剪铺地枝； 2.冬季清园：修剪后，喷1次杀菌、杀虫药剂，如机油乳剂120倍液+代森锰锌可湿性粉剂500倍液或机油乳剂120倍液+苯醚甲环唑1 500～2 000倍液； 3.冬季施肥：在树冠两侧滴水线附近开2条深25～30厘米、长100～150厘米的环沟，株施复合肥0.5～1.0千克+优质有机肥5～10千克+花生麸2.5～5千克；

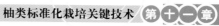

（续）

月份	物候期	关键栽培技术
11 ～ 12	花芽形态分化期，冬梢萌发、生长期	4.冬季翻土：酸性土全园撒施熟石灰 1 ～ 2 千克/株后浅翻土约 15 厘米，水田仅翻土即可

四、三红蜜柚标准化栽培关键技术

月份	物候期	关键栽培技术
1	花芽形态分化期	冬季修剪、清园与施肥
2	春梢萌芽、现蕾期	1.叶面追肥 1 次； 2.防治绿球藻、苔藓等； 3.施萌芽肥
3	春梢生长、转绿期，花蕾期	1.春梢自剪前，喷施 1 次 15% 多效唑可湿性粉剂 800 ～ 900 倍液； 2.防治红蜘蛛、花蕾蛆、小实蝇、木虱、蓟马、溃疡病、疮痂病、黄斑病、灰霉病等； 3.叶面喷施 1 次 0.3% 磷酸二氢钾+0.3% 硼砂或速乐硼，或其他硼肥+中微量元素叶面肥； 4.疏花序； 5.保果：叶面分别喷施 2 次 15 ～ 20 毫克/升 75% 赤霉酸粉剂和 8 ～ 12 毫克/升 85% 2,4-滴钠盐溶液，2 次间隔视高温出现情况，异常高温或低温阴雨情况下隔 1 ～ 2 天，天气正常时间隔 3 ～ 4 天； 6.环割或环剥主干或主枝保果
4	花期，谢花期，第 1、2 次生理落果期，幼果迅速膨大期，春梢老熟期	1.中下旬施 1 次稳果肥：淋施堆沤腐熟的粪水或麸水+中微量元素冲施肥 1 次； 2.防治瘿蚊、红蜘蛛、蓟马、黑星病、疮痂病、黄斑病、灰霉病等； 3.开浅沟株施 0.25 ～ 0.5 千克复合肥+优质有机肥 5 ～ 7.5 千克+花生麸 2.0 ～ 3.5 千克
5	第 2 次生理落果期，幼果迅速膨大期，夏梢萌发、生长期	1.防治介壳虫、红蜘蛛、锈蜘蛛、粉虱、潜叶蛾、木虱、溃疡病、黄斑病等； 2.疏果：疏掉病虫果、畸形果、过多的小果与过多正常发育果； 3.5 月上旬用 3 层纸袋进行果实套袋； 4.控抹早夏梢

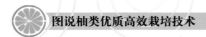

（续）

月份	物候期	关键栽培技术
6	第2次生理落果期，果实快速膨大期，夏梢转绿老熟期	1.防治溃疡病、黄斑病、炭疽病、粉虱、红蜘蛛、木虱； 2.生理落果结束后，进行夏季修剪：疏剪干枯枝、病虫枝、交叉枝，短剪徒长枝
7	果实膨大期，秋梢萌发期	1.淋施1次腐熟花生麸水； 2.深施重肥； 3.防治红蜘蛛、锈蜘蛛、木虱、炭疽病等
8	果实缓慢膨大期，秋梢转绿期	1.淋施1次腐熟花生麸水； 2.果园松土； 3.防旱抗旱
9	秋梢老熟期，果实缓慢膨大期，花芽生理分化期，果实着色、成熟期	1.调控花芽分化：环割、环扎、喷施多效唑、淋施多效唑促进旺树花芽分化； 2.中下旬适当控水控氮肥； 3.上旬防旱； 4.防治红蜘蛛、小实蝇、蚜虫、褐腐病等； 5.采果
10	花芽生理、形态分化期	1.上旬适当控水； 2.中下旬防干旱； 3.普查黄龙病、砍伐病树
11 ～ 12	花芽形态分化期，冬梢萌发、生长期	1.冬季修剪：剪除枯枝、病虫枝、交叉枝，短剪结果枝、徒长枝，树冠顶部过高营养枝及树冠外围衰弱营养枝，疏剪交叉大枝、树冠下部铺地枝； 2.冬季清园：修剪后，喷1次杀菌、杀虫药剂，如机油乳剂120倍液＋代森锰锌可湿性粉剂500倍液或机油乳剂120倍液＋苯醚甲环唑1 500 ～ 2 000倍液； 3.冬季施肥：在树冠两侧滴水线附近开2条深25 ～ 30厘米、长100 ～ 150厘米的环沟，株施复合肥0.5 ～ 1.0千克＋优质有机肥5 ～ 10千克＋花生麸2.5 ～ 5千克； 4.冬季翻土：酸性土全园撒施熟石灰1 ～ 2千克/株后浅翻土约15厘米

第十二章
主要病虫害综合防控技术

一、主要病害及防控技术

（一）柑橘黄龙病

1.病原及传播　柑橘黄龙病又名黄梢病，病原为细菌，细菌寄生在柑橘韧皮部筛管细胞内，为革兰氏阴性菌。柑橘黄龙病可通过柑橘木虱传播或嫁接传播，但不能通过汁液摩擦及土壤传播，带病苗木和接穗的调运是远距离传播的主要途径。田间菌源的普遍存在和柑橘木虱的高密度发生是此病流行的必要条件。

2.症状　发病初期，在树冠上有几枝或少部分新梢的叶片褪绿，呈现明显的"黄梢"，随之病梢的下段枝条和树冠其他部位的枝条相继发病。该病全年均可发生，春、夏、秋梢和果实均可表现症状。在田间，柚类黄龙病叶片、果实典型症状主要有：

（1）均匀黄化。初期病树和夏、秋梢发病的树上多出现，叶片呈现均匀的黄色（图12-1）。

（2）斑驳黄化。叶片呈现黄绿相间的不均匀斑块状，斑块的形状和大小不一。从叶脉附近，特别易从主脉基部和侧脉顶端附近开始黄化，逐渐扩大形成黄绿相间的斑驳，最后全叶呈黄绿色黄化（图12-2、图12-3）。这种叶片在春、夏、秋梢病枝上，以及初期和中、晚期病树上都较易找到。斑驳黄化叶在各种梢期和早、中、晚期病树上均可见到，症状明显，常作为田间诊断黄龙病树的依据。黄龙病叶片较正常树叶片硬、脆。

（3）红鼻子果。病果果蒂附近呈黄色，其余部位暗绿色，病果普遍偏小。柚类的"红鼻子果"（图12-4）在田间极少，只是偶尔发现。

图12-2　沙田柚黄龙病斑驳黄化病叶

图12-1　黄龙病病叶均匀黄化

图12-3　红肉蜜柚黄龙病斑驳黄化病叶

图12-4　沙田柚黄龙病红鼻子果

（4）果实畸形、果小、皮厚、味苦或味淡。在发育过程中，果实出现畸形，果颈变粗，果形歪斜，果实变小，皮厚（图12-5、图12-6），果肉味淡或有苦味。

图12-5　沙田柚黄龙病畸形病果　　　　图12-6　红肉蜜柚黄龙病病果
　　　　　　　　　　　　　　　　　　　　　　（右）变小

3.防控方法

（1）严格实行检疫制度。禁止病区的接穗和苗木流入新区和无病区。

（2）培育种植无病苗木，把好苗木质量关。无病苗圃最好选在没有柑橘黄龙病树和木虱发生的非病区。如在病区建圃，必须要有隔离条件，如在网室内育苗，并确保砧木、接穗不带病，全程处在防虫网的保护之下。在建立苗圃之前，先铲除附近零星的柑橘类植物或九里香等柑橘木虱的寄主。建园时全部种植无病苗木，从源头上避免或减少黄龙病。

（3）严格监控和防治柑橘木虱，减少传播机会。在每次新梢期，注意巡查果园，发现木虱卵、若虫或成虫时，及时喷药杀灭。为了万无一失，可以在每次新梢期结合其他食叶害虫如潜叶蛾、蚜虫等的防治连续喷药2次左右，切断木虱传播黄龙病的途径。

（4）挖除病树，清除病源。黄龙病以秋梢老熟后的9～12月最易鉴别，田间鉴别最好在采果前进行逐株普查，以斑驳型黄化叶片和畸形、皮厚、味淡或味苦的小果或红鼻子果作为诊断沙田柚和桂柚1号病树的主要症状，以斑驳型黄化叶片和味淡的小果作为诊断蜜柚类病树的主要症状。一旦发现病株立即砍伐，清除病源，减少传播。但砍树前应先喷药杀死柑橘木虱，以免砍树震动和病树运输时将木虱驱散到其他健康树和果园，造成人为扩散。同时，果园附近避免种植木虱寄主九里香、黄皮等植物。

（5）加强管理，保持树势健壮，提高抗病力。通过抹芽控梢，促梢抽发整齐，每次新梢生长期及时喷药保护，减少木虱为害。果园四周栽种防护林带，对木虱的迁飞也有一定阻碍作用。

（6）联防联治保效果。在集中连片种植的区域、果园或村屯，建园或补种时统一种植无病苗木；每年秋冬季统一普查、砍伐一次黄龙病病树；每次喷杀木虱、砍病树时统一行动，做到统一时间，统一喷药，统一消除病源，控制木虱数量，确保整体防控效果。

（二）柑橘溃疡病

1.病原及传播　柑橘溃疡病病原为地毯草黄单胞菌柑橘致病变种，为细菌。病原菌在柑橘组织内越冬，通过雨水及昆虫进行近距离传播；通过苗木、接穗及果实进行远距离传播。病菌从嫩叶、新梢或幼果的气孔、皮孔和伤口侵入。高温多雨季节有利于病菌的繁殖和传播，台风暴雨给寄主造成大量伤口，更有利于病菌的传播和侵入，造成病害的大流行。

2.症状　柑橘溃疡病可为害柚类叶片、枝梢和果实，发病初期在叶背面出现黄色或暗黄绿色针头大小的油渍状斑点（图12-7），以后逐渐扩大呈近圆形。同时病斑使叶片两面略突起，病部表皮破裂，表面组织木栓化，粗糙，病部中央凹陷破裂呈火山口状，周围有黄色或黄绿色的晕圈（图12-8）。枝梢受害病斑近圆形或连合成不规则形，比叶片上的病斑更加凸起，病斑中间凹陷如火山口状裂开，但无黄色晕环（图12-9）。果实受害病斑与叶片上的相似，但较大，木质化程度比叶片的更高，病斑中央火山口状的开裂也更为显著，病斑只限在果皮上（图12-10），发生严重时会引起早期落果。

图12-7　柑橘溃疡病初期症状

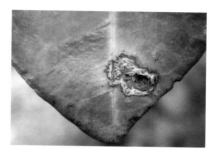

图12-8　柑橘溃疡病后期症状

图12-9　枝条上的柑橘溃疡病病斑

图12-10　柚果皮上的溃疡病症状

3.防治方法

（1）实行严格检疫，严禁从病区调运苗木、接穗和果实等，一旦发现，立即烧毁，杜绝溃疡病的人为传播。

（2）种植无病苗木，避免病源传播蔓延。

（3）彻底剪除病枝、病叶、病果，及时喷药保护伤口。在刚开始发病时，可在晴天、无露水时及时彻底剪除并收集肉眼可见病斑的病枝、病叶、病果（图12-11），同时清理干净地面上的病枝、病叶、病果集中烧毁，

图12-11　剪除溃疡病枝叶

剪后及时喷药保护伤口。

（4）新建果园，不要混栽感病性不同的品种。

（5）冬、春季做好清园工作，剪除病枝、病叶、病果并集中烧毁，剪后及时喷药保护伤口。

（6）加强栽培管理。合理施用肥水，增强树势，提高树体抗病能力；抹芽控梢、统一放梢，缩短新梢期，及时防治潜叶蛾，减少伤口，可有效减轻溃疡病的发生。

（7）及时连续喷药保护。在已有病源的果园或普遍发病的产区，在春梢、夏梢、秋梢萌发至1厘米长左右时喷药1次，7～10天再喷1次，连喷2～4次保护新梢，避免新梢感病；成年树在谢花2/3及谢花后10天、30天、40天时各喷1次保护新梢和幼果；台风过后及时喷药1次保护伤口。药剂可选用77%氢氧化铜可湿性粉剂600～800倍液、20%噻菌铜悬浮剂500倍液、46.1%氢氧化铜水分散粒剂（可杀得3 000）1 200～1 500倍液、53.8%氢氧化铜水分散粒剂900～1 100倍液、80%波尔多液400～600倍液、0.5%～1.0%石灰倍量式波尔多液、30%五铜悬浮剂400～600倍液、2%春雷霉素水剂500～600倍液、20%噻唑锌悬浮剂（碧生）300～500倍液、47%春雷·王铜可湿性粉剂500～600倍液等。

（8）联防联控。由于柑橘溃疡病极易传播蔓延，因此，在已经发生柑橘溃疡病的区域，各自为政往往难以获得良好的防效。各个果园之间或大规模果园内部，必须做到联防联控，统一种植无病苗木，统一清除病源，统一喷药保护新梢，才能有效控制病情甚至消除病源。

（三）柑橘炭疽病

1.病原及传播　柑橘炭疽病是真菌性病害，病原菌无性阶段为半知菌类炭疽菌属胶孢炭疽菌，有性阶段为子囊菌门小丛壳属围小丛壳。病菌以菌丝体和分生孢子在病组织中越冬。分生孢子借风雨和昆虫传播，在适宜的环境条件下萌发产生芽管，从气孔、伤口或直接穿透表皮侵入寄主组织。炭疽病菌是一种弱寄生菌，健康组织一般不会发病。但发生严重冻害，或由于耕作、移栽、长期积水、施肥过多等造成根系损伤，或早春低温潮湿、夏秋季高温多雨、肥力不足、干旱、虫害严重、农药药害等造成树体衰弱，或由于偏施氮肥后大量抽发新梢和徒长枝，均能助长病害发生。柑橘炭疽病在整个柑橘生长季节均可发生，一般春梢期发生较少，夏、秋梢期发生较多。

2.症状 柑橘炭疽病可为害柑橘地上部的各个部位及苗木。在高温多雨的夏初和暴雨后发病特别严重，植株夏、秋梢上发生较多。

（1）**叶片症状**。分为急性型和慢性型两种。急性型来势凶猛，扩散迅速，多在叶尖处开始发生，病斑暗绿色至黄褐色，似热水烫伤，整个病斑呈 V 形，湿度大时有许多红色小点，病叶很快大量脱落；慢性型常发生在叶片边缘或近边缘处，病斑中央灰白色，边缘褐色至深褐色，湿度大时可见红色小点，干燥时则为黑色小点，排列成同心轮状或呈散生状态，病叶落叶较慢（图12-12）。

（2）**枝干症状**。常在易受冻的枝梢上发生，使枝条自上而下枯死，枯死部分呈灰白色，上有黑色小点，病健部交界明显（图12-13）。

（3）**果实症状**。幼果初期症状为暗绿色不规则病斑，以后扩大至全果，湿度大时常有红色小点，最后变成黑色僵果但不掉落。

图12-12 柑橘炭疽病病叶

图12-13 柑橘炭疽病病枝

大果症状有干疤型、泪痕型和软腐型。干疤型在果腰部较多，呈近圆形黄褐色病斑，病组织不侵入果皮；泪痕型是在果皮表面有一条条如眼泪一样的病斑；软腐型是在采收贮藏期间发生，一般从果蒂部开始，初期为淡褐色，以后变为暗褐色而腐烂（图12-14）。

图12-14　柑橘炭疽病病果

（4）苗木症状。常在嫁接口附近发病，呈烫伤症状，严重时可使整个嫩梢枯死。

3.防治方法

（1）加强栽培管理。加强肥水管理，增施农家肥和适当的钾肥，防止果园偏施氮肥，做好果园排水，避免积水，使树势健壮。冬季做好清园工作，剪除病枝梢、病果，清除地面的落叶、落果，集中烧毁。

（2）药剂防治。保护新梢，在春、夏、秋梢期各喷药1次；保护幼果则在落花后1个半月内进行，每隔10天左右喷1次，连续喷2～3次。药剂可选用80%代森锰锌可湿性粉剂500～800倍液、50%代森锰锌可湿性粉剂500～800倍液、30%氧氯化铜悬浮剂700倍液、30%苯醚甲环唑·丙环唑乳油3 000～3 500倍液、25%苯醚甲环唑·嘧菌酯悬浮剂600～1 000倍液、25%咪鲜胺乳油800～1 000倍液、25%苯醚甲环唑乳油2 500～3 000倍液、1.6%胺鲜酯1 000～1 500倍液、40%多菌灵·硫黄悬浮剂600倍液、25%溴菌腈可湿性粉剂600倍液、60%吡唑醚菌酯·代森联水分散粒剂750～1 500倍液等。

（四）柑橘疮痂病

1.病原及传播

柑橘疮痂病是真菌性病害，病原菌为柑橘痂圆孢，主要以菌丝体在患病组织内越冬，也可以分生孢子在新芽的鳞片上越冬。翌年春季，当阴雨多湿、气温回升到15℃以上时，越冬菌丝产生分生孢子，借风雨、露水或昆虫传播到柑橘幼嫩组织上，萌发后侵入。侵入后3～10天发病，新病斑上又产生分生孢子进行再次侵染。适温和高湿是疮痂病流行的重要条件。发病温度范围为15～30℃，最适为20～28℃。此外，疮痂病的发生流行程度与栽培品种、寄主组织的老熟程度、树龄、果园环境和栽培管理等有密切关系。在设施栽培中管理水平较高，因此，设施栽培的果园一般发病较少。

2.症状　主要为害新梢、叶片、幼果等，受害叶初期在病斑上出现水渍状圆形，以后逐渐扩大变成黄褐色，并逐渐木栓化，多数病斑似圆锥状向叶背面突出，但不穿透叶两面，叶面呈凹陷状，病斑多时呈扭曲畸形，严重时引起落叶。受害幼果的果皮上产生褐色斑点，逐渐扩大并转为黄褐色、圆锥状、木栓化瘤状突起（图12-15）。严重时病斑密布，果小，畸形，易脱落，俗称"癞痢头"。天气潮湿时，在疮痂的表面长出灰色粉状物。春季空气湿度大是发病严重的主要原因，春梢及幼果发病最为严重。

图12-15　柑橘疮痂病病叶

3.防治方法

（1）种植无病苗木。

（2）冬季清园。剪除病虫枝、病叶、病果，清除地表枯枝、落叶并烧毁，再喷0.5波美度石硫合剂，以减少病源。同时加强肥水管理，改善树冠内部通风透光条件，增强树势。

（3）药剂防治。保护的重点是春梢嫩叶和幼果，即在春芽萌动至芽长2毫米时喷第一次药，以保护春梢。在花谢2/3时喷第二次药以保护幼果。药剂可选用80%代森锰锌可湿性粉剂600倍液、25%嘧菌酯悬浮剂1 000～1 500倍液、10%苯醚甲环唑水分散粒剂800倍液、75%百菌清可湿性粉剂500～700倍液、70%甲基硫菌灵可湿性粉剂1 000倍液、50%多菌灵可湿性粉剂800～1 000倍液、60%吡唑醚菌酯·代森联水分散粒剂1 000～1 500倍液等。

(五) 柑橘煤烟病

1.病原及传播 柑橘煤烟病病原为真菌，超过30种，主要有柑橘煤炱、巴特勒小煤炱、刺盾炱，其中柑橘煤炱为寄生菌，其他均为植物表面腐生菌，病菌以菌丝体、子囊壳和分生孢子器等在病部越冬。翌年孢子借风雨传播。此病多发生于春、夏、秋季，其中以5～6月为发病高峰。蚜虫、介壳虫及粉虱等害虫发生严重的柑橘园，煤烟病发生也重。种植过密、通风不良或管理粗放的果园发生严重。

图12-16 柑橘煤烟病病叶

2.症状 主要发生在叶片、枝梢或果实表面，初出现暗褐色点状小霉斑，后继续扩大呈绒毛状的黑色霉层，似黏附着一层烟煤，后期霉层上散生许多黑色小点或刚毛状突起物（图12-16）。

3.防治方法

（1）适当稀植，注重修剪，剪除交叉枝、荫蔽枝，使果园通风透光良好，减轻发病。

（2）喷药防治蚜虫、介壳虫及粉虱等害虫，是防治该病的关键。

图12-17 喷药后煤烟病病斑脱落

（3）在发病初期和冬季清园时可喷99%绿颖机油乳剂200倍液或97%希翠机油乳剂200倍液防治，连续喷两次，两次间隔1周，效果较好（图12-17）。

（六）柑橘脂点黄斑病

1. 病原及传播 柑橘脂点黄斑病又名黄斑病，为真菌性病害。病原菌为柑橘球腔菌，病菌在病组织内越冬，翌年气温上升后以分生孢子或子囊孢子为初侵染源，从气孔侵入寄主，并经1～4个月的潜育期后出现症状。一般5～7月是病菌侵染的主要时期，9～10月是发病的高峰期。管理粗放、树势衰弱时发病严重，苗木也可发病。

2. 症状

（1）**黄斑型**。发病初期叶背出现针头大小的褪绿小点，半透明，后扩展成不规则淡黄色斑块（图12-18），并在叶背形成淡褐色疱疹状突起，随病斑扩展而老化成为褐色至黑色的脂斑（图12-19），脂斑对应面褪绿（图12-20），呈蜡黄色斑块，后

图12-18 柑橘脂点黄斑病叶背症状

期也形成黑褐色的脂斑，为害严重时可引起大量落叶。

图12-19 脂点黄斑病的叶背黄色、黑褐色脂斑

图12-20 脂点黄斑病病斑对应叶背面褪绿

（2）**褐色小圆星型**。初期为赤褐色芝麻粒大小的圆形斑点，后扩大，边缘稍隆起，中央凹陷变为灰白色，上有黑色小粒点。

（3）**病果症状**。病斑只侵染外果皮。开始症状呈疱疹状浅黄色小突粒或油状斑（图12-21），之后病斑逐渐扩展而老化，颜色

图12-21　脂点黄斑病为害果实产生块状脂斑

变深，从病部分泌的脂质状透明物被氧化变成黄褐色或黑褐色，最后形成1～2厘米、病健部分界不明显的块状脂斑（图12-22、图12-23），严重影响果实外观和销售价格。

3.防治方法

（1）冬季清园。剪除病叶、病枝，清除地表枯枝、落叶并烧毁，再喷2次0.5波美度的石硫合剂，或30%苯甲·丙环唑2 000倍液+99%绿颖机油乳剂200倍液，或80%代森锰锌可湿性粉剂600倍液+99%绿颖机油乳剂200倍液，以减少病源。同时加强肥水管理，多施有机肥，改善树冠内部通风透光条件，增强树势。

（2）对历年发病较重、树势衰弱的树，增施有机肥，及时排水，使树势健壮，增强抗病力。

（3）及时喷药防治。幼树可在春梢展叶初期喷第1次，隔15～

图12-22　脂点黄斑病为害果实

图12-23　脂点黄斑病为害果实

20天喷第2次，连喷2～3次，6月中下旬视病情再喷1次。结果树可在谢花2/3时结合防治疮痂病进行第1次喷药防治，以后每隔10～15天喷药1次，直至6月下旬保护春梢和幼果。幼树萌芽2～3厘米长时开始用药直至8月保护春夏梢。药剂可选用68.75%噁酮·锰锌水分散粒剂1 000～1 500倍液、30%苯甲·丙环唑乳油2 000倍液、32.5%苯甲·醚菌酯悬浮剂1 500～2 000倍液、50%多菌灵或70%甲基硫菌灵可湿性粉剂800～1 000倍液、45%代森铵水剂600倍液、70%代森锰锌可湿性粉剂500倍液、77%氢氧化铜粉剂500倍液、80%代森锰锌可湿性粉剂600～800倍液、25%苯醚甲环唑乳油2 000～2 500倍液、25%吡唑醚菌酯乳油1 000～1 500倍液、50%咪鲜胺可湿性粉剂1 500倍液。另外，用矿物油防治害虫对脂点黄斑病也有很好的防治效果。

（七）柑橘褐腐病

1.病原及传播　柑橘褐腐病又称柑橘疫菌褐腐病、柑橘疫腐病等，为果实病害。病原菌是疫霉属的几个种，引起柑橘果实褐腐病的主要是柑橘褐腐疫霉。病菌以菌丝体和厚垣孢子在带病的组织和土壤中越冬。翌年气温升高、雨水增多时，病菌开始活动，产生孢子囊释放游动孢子，经风雨或土壤传播。通常5～6月、9～12月多雨季节出现发病高峰，造成大量落果。湿度大的果园或区域和树冠中、下部果实易发病；荫蔽、排水不良、通透性差、偏施氮肥的果园发病重。

2.症状　病斑初为淡褐色小斑，后迅速扩展成圆形暗褐色水渍状软腐（图12-24），病斑不凹陷，有腐臭味，病果很快脱落（图12-25、图12-26）。高温高湿时病部长出白色菌丝，干旱时病斑干韧；有时叶片亦

图12-24　柑橘褐腐病初期病斑

图12-25 柑橘褐腐病为害幼果

图12-26 果实将成熟时的柑橘褐腐病症状

受害，病斑呈水渍状，似开水烫伤，病健部交界不明显，病斑近圆形或不规则形，初期颜色较浅，随后迅速转变为浅褐色至深褐色，易误诊为急性炭疽；病菌为害柑橘主干基部则引起皮层腐烂，称"脚腐病"。

3.**防治方法**

（1）加强栽培管理，平衡施肥；雨季及时开沟排水，降低果园湿度；冬季清园，修剪过密及分枝过低的枝条，剪除病虫枝，清除病果，并将其集中烧毁，保持果园通风透光。

（2）**药剂防治**。及时在全园喷药防治，重点对树冠中下部、内膛和地面喷药，每隔5～7天喷1次，连喷2～3次。药剂可选用70%甲霜灵·锰锌可湿性粉剂800～1 000倍液、80%三乙膦酸铝可湿性粉剂600倍液、25%苯醚甲环唑乳油2 000～2 500倍液、20%吡唑醚菌酯乳油3 000倍液、60%吡唑醚菌酯·代森联水分散粒剂1 000倍液等。

（八）柑橘树脂病

1.**病原菌及传播** 柑橘树脂病为真菌性病害，病原菌为柑橘间座壳。病菌以菌丝体和分生孢子器在树干病部及枯枝上越冬，开春温度升高后，产生大量分生孢子器或子囊壳，分生孢子或子囊孢子成熟后，遇潮湿（降雨）时释放，经风雨、昆虫传播。由于它的寄生力较弱，因此，必须在寄主生长不良或有伤口时才能侵入。

2. 症状

（1）流胶和干枯。枝干被害，初期皮层组织松软，有裂纹，接着渗出褐色的胶液（图12-27），并有类似酒糟的气味。高温干燥情况下，病部逐渐干枯、下陷，皮层开裂剥落，疤痕四周隆起。木质部受侵染后变成浅灰褐色，并在病健交界处有1条黄褐色或黑褐色痕带。病部可见许多黑色小粒点。

（2）黑点和砂皮。病菌侵染叶片和未成熟的果实，在病部表面产生许多散生或密集成片的黑褐色硬胶质小粒点，表面粗糙，略隆起，像黏附着许多细沙（图12-28）。

图12-28　柑橘黑点型树脂病症状

图12-27　柑橘流胶型树脂病症状

3. 防治方法

（1）加强栽培管理，避免树体受伤。采果后尽快施肥恢复树势；刷白树干和培土，以提高树体的抗冻能力；及时剪除病虫枝并烧毁。

（2）病树刮治。对已发病的树，应彻底刮除病组织或纵刻病部涂药，每周1次，连续使用3～4次。药剂有70%甲基硫菌灵可湿性粉剂200倍液、25%嘧菌酯悬浮剂1 000～1 500倍液、80%克菌丹水分散粒剂1 000～1 500倍液、50%多菌灵可湿性粉剂100倍液等。

（3）喷药保护。谢花2/3开始至幼果期每15～20天喷药1次，连喷3～4次，药剂有80%代森锰锌可湿性粉剂600倍液、25%嘧菌酯悬浮剂1 000～1 500倍液、80%克菌丹水分散粒剂1 000～1 500倍液。

（九）柑橘流胶病

1.病原菌及传播　造成柑橘流胶病的病菌有疫霉属（*Phytophthora* sp.）、镰孢属（*Fusarium* sp.）、色二孢属（*Diplodia* sp.）。病菌在枯枝上越冬，分生孢子器是翌年初侵染的主要来源。翌年春季环境适宜时，特别是多雨潮湿时，枯枝上的越冬病菌开始大量繁殖，借风、雨、露水和昆虫等传播。6～10月发生较多。病原菌是弱寄生菌，容易侵入生长衰弱或受伤的柚树。因此，柚树遭受冻害造成的冻伤和其他伤口，是本病发生流行的首要条件。如上年低温使树干冻伤，往往翌年温湿度适合时病害就可能大量发生。此外，多雨季节也常常造成此病大发生。不良的栽培管理措施，特别是肥料不足或施用不及时、偏施氮肥、土壤保水性或排水性差、各种病虫为害等造成树势衰弱，都容易导致此病的发生。

2.症状　主要发生在主干上，其次为主枝，小枝上也会发生。病斑不定型，病部皮层变褐色，水渍状，并开裂和流胶（图12-29）。病树果实小，提前转黄，味酸。以高温多雨的季

图12-29　柑橘流胶病症状

节发病重。

3.防治方法

（1）注意开沟排水，改善果园生态条件，夏季进行地面覆盖，冬、夏进行树干涂白，加强对蛀干害虫的防治。

（2）在病部采取浅刮深刻的方法，即将病部的粗皮刮去，再纵切裂口数条，深达木质部，然后涂以50%多菌灵可湿性粉剂100～200倍液或25%甲霜灵可湿性粉剂400倍液。

（十）柑橘线虫病

柑橘线虫病分为柑橘根结线虫病和柑橘根线虫病。

1.病原及传播 柑橘根结线虫病病原是一种根结线虫，线虫以卵和雌虫越冬，由病苗、病根和带有病原线虫的土壤、水流以及被污染的农具传播。当温度在20～30℃时，线虫孵化、发育及活动最盛。卵在卵囊内发育成为一龄幼虫。一龄幼虫孵化后仍藏于卵内，经一次蜕皮后破卵而出，成为二龄侵染虫，活动于土中，等待机会侵染柑橘树的嫩根。二龄幼虫侵入根部后，在根皮和中柱之间为害，并刺激根组织过度生长，形成不规则的根瘤。幼虫在根瘤内生长发育，再经3次蜕皮，发育成成虫。雌、雄虫成熟后交尾产卵，卵聚集在雌虫后端的胶质囊中，卵囊的一端露在根瘤外。此线虫一年可发生多代，能进行多次重复侵染。

柑橘根线虫病病原是一种半穿刺线虫属的线虫，卵在卵壳内孵化发育成一龄幼虫，蜕皮后破壳而出，即二龄侵染幼虫。雄幼虫再蜕皮3次变为成虫。雌虫直至穿刺根之前，都保持细长形，一旦以颈部穿刺根内，固定为害后，露在根外的体躯迅速膨大，生殖器发育成熟，并开始产卵。柑橘根线虫幼虫在须根中的寄生量以夏季最少，冬春最多，而雌成虫对须根的寄生量，周年基本均匀。土壤温度对该线虫的活动和发生有影响，25～31℃为侵染的最适温度，在15℃和35℃时有轻微侵染，温度低于15℃，线虫不活动，但不死亡。根线虫在土中的分布，以深10～30厘米的土层

为最多。土壤结构影响该线虫的生殖率，含有50%黏土的土壤，根线虫生殖率很低，含有10%～15%黏土的土壤，根线虫生殖率

图12-30　柑橘根结线虫病症状
（全金成提供）

最高。土壤pH在6.0～7.7之间，有利于根线虫繁殖。

2.症状　发病根的根皮轻微肿胀，根皮表层皮易剥离，须根结成饼团状（图12-30）；地上部分表现抽梢少、叶片小，叶缘卷曲、黄化（图12-31）、无光泽，开花多而挂果少、产量低；发病重时枝枯叶落，根系严重腐烂（图12-32），严重的会引起整株枯死。

图12-31　柑橘线虫为害导致叶片黄化

图12-32　柑橘线虫病引起沙田柚侧根严重腐烂

3.防治方法

（1）**严格检疫**。购买苗木时加强检疫，严禁在受柑橘线虫病为害的病区购买有可能感染了线虫的苗木。对无病区应加强保护，严防病区的土壤、肥、水和耕作工具等易带线虫物带至病区。

（2）**选育抗病砧木**。选育抗柑橘线虫病的砧木，是目前解决在病区种植柚类较有效的办法。根据当地栽培条件，通过对多种适宜的砧木进行比较试验，培育和筛选出抗柑橘线虫病的砧木。

（3）**剪除受害根群**。在冬季结合松土晒根，在病株树盘下深

挖根系附近土壤，将被根结线虫病为害的有根瘤、根结的须根团剪除，集中烧毁，保留无根瘤、根结的健壮根和水平根及较粗大的根，同时撒施石灰后进行翻土。

（4）加强肥水管理。对病树采用增施有机肥特别是含甲壳素类的有机肥，并加强其他肥水管理措施，以增强树势，减轻为害。

（5）生物防治。在春梢萌芽前和放秋梢前，将病株树盘下根系附近土壤挖开，剪除受害根群，选用厚孢轮枝菌微粒剂按树冠投影面积20～40克/米^{2}或淡紫拟青霉颗粒剂按树冠投影面积20～40克/米^{2}与适量有机肥拌匀后撒施于裸露的根系上，然后培回表土。

（6）药剂防治。在挖土剪除病根、覆土过程中均匀混施药剂或在树冠滴水线下挖深15厘米、宽30厘米的环形沟，灌水后施药并覆土。药剂可选用1.8%阿维菌素乳油1 000～1 500倍液10～15千克/株或用1.5%阿维菌素颗粒剂150～200克/株、10%噻唑磷颗粒剂150～200克/株进行沟施、撒施后覆土；或用3%阿维·噻唑磷水乳剂1 000～1 500倍液树盘泼浇，用水量15～25千克/株（以浇透树盘5～10厘米深土壤为宜）。

（十一）柑橘黑斑病

1.病原及传播　柑橘黑斑病又名柑橘黑星病，为真菌性病害，病原菌为叶点霉属。病菌主要以子囊果和分生孢子器在病叶和病果上越冬。翌年春季散出子囊孢子和分生孢子，通过风雨和昆虫传播，在幼果和嫩叶上萌发产生芽管进行侵染。对果实的侵染主要发生在谢花期至落花后一个半月内，到果实近成熟时病菌迅速生长扩展，出现病斑，产生分生孢子，进行重复侵染。高温多湿、晴雨相间或栽培管理不善、遭受冻害、果实采收过迟等造成树势衰弱以及机械损伤等均有利于发病。

2.症状　柚类枝梢、叶片及果实均可受害，以果实受害最严重。通常果实黑星病表现有两种类型：黑斑型和黑星型。

（1）黑斑型。果面上初生淡黄或橙色的斑点（图12-33），后

图12-33 柑橘黑星病病果黑斑型症状

扩大成为圆形或不规则的黑色大病斑，直径1～3厘米，中部稍凹陷，散生许多黑色小粒点。严重时很多病斑相互连合，甚至扩大到整个果面。

（2）黑星型。在将近成熟的果面上初生红褐色小斑点，后扩大为圆形的红褐色病斑，直径1～5毫米。后期病斑边缘略隆起，呈红褐色至黑色，中部灰褐色，略凹陷（图12-34）。贮运期间继续发展，湿度大时可引起腐烂。叶片上的病斑与果实上的相似（图12-35）。

图12-34 柑橘黑星病病果黑星型症状

图12-35 柑橘黑星病病叶黑星型症状

3. 防治方法

（1）加强管理。采用配方施肥技术，调节氮、磷、钾比例；低洼积水地注意排水；修剪时，去除过密枝叶，增强树体通透性，提高抗病力；清除初侵染源，秋末冬初结合修剪，剪除病枝、病叶，并清除地上落叶、落果集中销毁。同时喷洒0.8～1波美度石硫合剂，铲除初侵染源。

（2）药剂防治。柚类落花后开始喷洒80％乙蒜素1 500～

2 000倍液或80%代森锰锌可湿性粉剂600倍液、25%嘧菌酯悬浮剂1 000倍液、25%吡唑醚菌酯乳油1 000～1 500倍液、10%苯醚甲环唑水分散粒剂800倍液、70%甲基硫菌灵可湿性粉剂500倍液，间隔15天喷1次，连喷3～4次。

（十二）柑橘脚腐病

1.病原及传播　病原为柑橘褐腐疫霉和烟草疫霉，以菌丝在病部越冬，也可以菌丝或卵孢子随病残体遗留在土壤中越冬。靠雨水传播，从植株根颈部侵入。病害的发生与品种、气候、栽培管理关系密切。4月中旬开始发病，6～8月气温20～30℃、湿度85%以上时发病多，10月停止发病。在土壤黏重、排水不良、长期积水、土壤持水量过高时发病重，土壤湿度变化大的果园、栽植过密或间作高秆作物、柚园郁蔽、湿度大的发病较重，由冻害、虫害或农事操作引起伤口的易被该病侵染。

2.症状　主要为害主干，当病部环绕主干时，叶片黄化，枝条干枯，以至植株死亡。主要症状发生在根颈部皮层，向下为害根，引起主根、侧根乃至须根腐烂，向上发展达20厘米，使树干基部腐烂（图12-36）。幼树栽植过深时，从嫁接口处开始发病，病部呈不规则水渍状，黄褐色至黑色，有酒糟味，常流出褐色胶液。被害部相对应的地上部叶小，主、侧脉深黄色，易脱落，形成秃枝，干枯。

图12-36　柑橘脚腐病症状

病树花特多，果实早落，残留果实小、着色早、味酸。

3.防治方法

（1）利用抗病砧木。枳壳砧最抗病，用枳壳育苗时应当提高嫁接口的位置。定植时须浅栽，使抗病砧木的根颈部露出地面，以减少发病。

（2）合理密植。中后期要及时间伐，以利通风透光，降低湿度，减少发病。

（3）改善和加强果园栽培管理。改良土壤，及时排水，防止积水，禁种高秆作物，降低果园湿度，重视天牛、吉丁虫的防治，以减少伤口；将种植过深的树主干基部的泥土扒开，让嫁接口全部露出地面，对发病较重的树，根据具体情况进行修剪，将病枝、弱枝、未成熟的枝条剪去，减少枝叶量，减少蒸腾量。

（4）靠接换砧。已定植的感病砧木植株于3～5月在主干上靠接3～4株抗病砧木。轻病树和健康树可预防病害发生；重病树靠接粗大的砧木，使养分输送正常和起到增根的效果。

（5）药剂防治。每年的3～5月逐株检查，发现病树，先用刀刮去病部皮层，再纵刻病部深达木质部，间隔0.5厘米宽，并超过病斑1～2厘米，再用25%甲霜灵可湿性粉剂400～600倍液、2%～3%硫酸铜200倍液、70%甲基硫菌灵可湿性粉剂200倍液、1 ∶ 1 ∶ 10波尔多液等涂抹病部，15～20天1次，连续2～3次。

（十三）柑橘附生性绿球藻

1. **发生条件**　柑橘附生性绿球藻发生在湿度大、树冠郁蔽的果园，一旦发生则逐渐加重，扩大蔓延，树势较差的园区，一株树的老叶部分及树冠中下部枝干都被附着。另外，柚园管理粗放、偏施氮肥、少施或不施有机肥、树势衰弱等因素，也给附生性绿球藻发生提供了条件。

2. **症状**　柑橘附生性绿球藻是藻类植物，附生于树冠下部老枝叶上，藻体在老叶上形成一层致密的绿色粉状物，严重时主干、大枝也全被附着，抑制光合作用，影响树势、产量和果实品质（图12-37）。

图12-37　柑橘附生性绿球藻

3.防治方法

（1）加强果园管理。增施有机肥，实行氮、磷、钾及中微量元素的配合施肥，增强树势，低洼积水地注意排水，修剪时去除过密枝叶，增强树体通透性。

（2）药剂防治。春季萌芽前用80%乙蒜素可湿性粉剂2 000倍液喷1次，一个月后再用乙蒜素水剂3 000倍液喷1次；或在春梢萌芽前用45%代森铵水剂1 000倍液叶面喷雾，间隔15天再喷1次；在树干和大枝上可周年涂石灰水进行防治。

二、主要虫害及防控技术

（一）柑橘红蜘蛛

柑橘红蜘蛛又称柑橘全爪螨、瘤皮红蜘蛛、柑橘红叶螨等（图12-38）。

1.**为害状**　红蜘蛛可为害叶片、果实及新梢，以刺吸转绿的新梢叶片较严重，吸食叶片后，叶片呈花点失绿，没有光泽，呈灰白色（图12-39），严重时造成落叶、影响树势及产量。果实受害严重时果皮灰白色，失去光泽，不耐贮藏。春季为害严重，夏季如高温多雨，对红蜘蛛的生存、繁殖不利，发生较轻；而秋冬季如遇温暖干旱，则为害非常严重。

图12-38　柑橘红蜘蛛成螨

图12-39　柑橘红蜘蛛严重为害叶片状

2.**为害规律** 1年可发生15～24代，田间世代重叠，其发生代数与气温关系密切。一般在气温达到12℃以上时虫口开始增加，20℃时盛发，20～30℃和60%～70%的空气相对湿度是其发育和繁殖的最适宜条件，温度低于10℃或高于30℃时虫口受到抑制。果园常喷波尔多液等含铜制剂，杀灭了大量天敌，容易导致该螨大发生。

3.**防治方法**

（1）生物防治。培养天敌。红蜘蛛的天敌很多，如食螨瓢虫、捕食螨等捕食性天敌，还有芽枝霉菌等致病真菌等。在果园内选择种植胜红蓟、牧草或保留其他非恶性杂草，可调节果园小气候，提供充足的害虫天敌食料，有利于天敌的活动。

（2）化学防治。冬季清园是全年防治红蜘蛛的关键。在采果后至春芽萌发前，先用自制的1.0波美度石硫合剂喷药清园一次，再在修剪病虫枝之后喷一次，效果非常好。也可选用99%绿颖机油乳剂150～200倍液、99%绿颖机油乳剂200倍液加73%克螨特乳油2 000倍液，连续喷两次。在春季开花、幼果期可用5%噻螨酮乳油1 000～1 500倍液、24%螺螨酯悬浮剂1 500～2 000倍液、20%哒螨灵可湿性粉剂2 000倍液、1.8%阿维菌素乳油1 500～2 000倍液等；其他生长季节可用的药剂有：73%克螨特乳油1 500～2 000倍液、99%绿颖机油乳剂200倍液（间隔7天连续喷两次效果较好）、20%乙螨唑可湿性粉剂4 000～4 500倍液、20%三唑锡悬浮剂1 000～1 500倍液或25%三唑锡可湿性粉剂1 500倍液（高温、嫩梢期容易产生药害，慎用）、5.5%阿维·三唑锡乳油1 500倍液、50%联苯肼酯可湿性粉剂5 000～6 000倍液、97%希翠机油乳剂200倍液等。注意：在花期或气温超过36℃的高温天气忌用克螨特、国产机油乳剂，更不能两者混用。

（二）柑橘锈蜘蛛

1.**为害状** 柑橘锈蜘蛛又称锈壁虱、锈螨。主要为害叶片和果实，以为害果实较严重。叶片受害后，似缺水状向上卷，叶背呈烟熏状黄色或锈褐色，容易脱落；果实受害后流出油脂，被空气氧化后变成黑褐色，称之为"黑皮果"（图12-40）。6～9月为为害高峰期，到采果前甚至采果后还会为害。发生早期，果皮似被一层黄色粉状微尘覆盖，虫体不易被察觉（图12-41），待出现黑皮果时，即使杀死虫体，果皮也不会恢复。

图12-40　放大镜下的锈蜘蛛若虫

图12-41　锈蜘蛛为害导致的黑皮果

2.发生规律　1年发生18～24代，以成螨在柚类的腋芽、卷叶内或越冬果实的果梗处、萼片下越冬。越冬成螨在春季日均气温上升至15℃左右时开始取食为害和产卵等活动，春梢抽发后聚集在叶背主脉两侧为害，5～6月迁至果面上为害，7～10月为为害高峰，尤以气温25～31℃时虫口增长迅速。若果园常喷布波尔多液等含铜制剂和溴氰菊酯、氯氰菊酯等杀虫剂，杀灭了大量天敌，容易导致该螨大发生。

3.防治方法

（1）**冬季清园**。结合清园，修剪病虫枝，防止果园过度荫蔽，选用自制1.0波美度石硫合剂喷药清园。

（2）**加强栽培管理**。加强肥水管理，增强树势；注意果园种草，如胜红蓟等，以提高湿度，有利于天敌的繁殖和生存。已知的天敌有7种，其中汤普森多毛菌是有效天敌，还有捕食螨、草蛉、蓟马等。

（3）**药剂防治**。加强监测预报，在幼果或叶片上发现有2头虫以上时，应立即喷药防治。在桂北地区一般在5月结合防治炭疽病喷1～2次80％代森锰锌可湿性粉剂600～800倍液，能达到较好的防治效果。其他有效药剂可选用20％三唑锡悬浮剂1000～1500倍液或25％三唑锡可湿性粉剂1500倍液（高温、嫩梢期容易产生药害）、73％克螨特乳油2000～2500倍液、65％代森锌可湿性粉剂600～800倍液、5.5％阿维·三唑锡乳油1500倍液、20％呋虫胺悬浮剂2000～2500倍液、50％溴螨酯乳油1000～1500倍液、5％虱螨脲乳油1500～2500倍液、1.8％阿维菌素乳油1500～2000倍液等。

（三）柑橘潜叶蛾

柑橘潜叶蛾又称绘图虫、鬼画符、潜叶虫，是柚类新梢的主要害虫之一。

1.为害状　成虫在刚萌动的新梢上产卵，数天内幼虫（图12-42）潜入嫩叶表皮下取食叶肉，形成具有保护层的隧道，使叶片卷曲（图12-43）、硬化、变小，甚至落叶。幼果受害果皮留下伤迹。枝叶受害后的伤口是其他病菌侵染的途径，也是螨类等害虫的越冬场所。

2.发生规律　在华南地区1年发生15～16代，以蛹及少数老熟幼虫在叶片边缘卷曲处越冬。田间世代重叠明显，各代历期

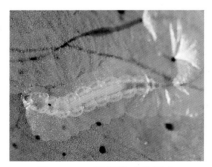

图12-42　柑橘潜叶蛾幼虫

图12-43　柑橘潜叶蛾为害嫩梢状

随温度变化而异。平均气温27～29℃时，完成1个世代需13.5～15.6天；平均气温为16.6℃时，完成1个世代需42天。田间5月就可见到为害，但以7～9月夏、秋梢抽发期为害最严重。

3.防治方法

（1）**抹芽控梢**。幼龄园应抹芽控梢，最大限度地消灭其虫口基数，切断其嫩梢食料来源，做到统一放梢，集中喷药。

（2）**药剂防治**。要认真做好喷药保梢工作，一般在夏、秋梢的嫩芽长到0.5～1.0厘米长时喷第一次药，以后每隔5～7天喷1次，到新梢自剪时停止用药，每次梢期用药2～3次。可选用3%啶虫脒乳油1 500～2 000倍液、10%吡虫啉可湿性粉剂2 000倍液、70%吡虫啉可湿性粉剂5 000～8 000倍液、1.8%阿维菌素乳油1 000～1 500倍液、25%噻虫嗪水分散粒剂1 500倍液、20%呋虫胺悬浮剂2 500～3 000倍液、10亿个多角体/毫升多角体病毒悬浮剂700～1 000倍液、2.5%氟氯氰菊酯乳油1 500～2 000倍液等。

（四）柑橘木虱

柑橘木虱分为亚洲木虱和非洲木虱两种。我国和亚洲各国柑橘产区多为亚洲木虱。主要为害芸香科植物，柑橘属受害最重，黄皮、九里香等次之。

1.为害状　柑橘木虱以成虫在嫩芽产卵和吸食汁液，使叶片扭曲畸形，严重时新芽凋萎枯死。还排出白色蜡状排泄物，沾湿枝叶，诱发煤烟病。木虱是传播柑橘黄龙病的媒介昆虫。在柑橘黄龙病疫区应把其作为重要害虫进行防治。

2.发生规律　在周年有嫩梢的情况下，1年可发生11～14代，其发生代数与柑橘抽发新梢次数有关，每代历期长短与气温有关。田间世代重叠。成虫产卵于露芽后的芽叶缝隙处，没有嫩芽不产卵。初孵的若虫（图12-44、图12-45）吸取嫩芽汁液并在其上发育成长，直至五龄。成虫停息时尾部翘起，与停息面呈45°角（图12-46）。在没有嫩芽时，停息在老叶的正面和背面。在8℃以下

图12-44　嫩芽上的木虱幼虫
（张素英提供）

图12-45　嫩芽上的木虱幼虫
（张素英提供）

图12-46　柑橘木虱成虫

时，成虫静止不动，14℃时可飞能跳，18℃时开始产卵繁殖。在一年中，秋梢受害最重，其次是夏梢，10月中旬至11月上旬常有一次晚秋梢，木虱会有一次发生高峰。连续阴雨天，会使木虱虫口大量减少。柑橘木虱对极端温度有较高的耐性，自然条件下，−3℃、24小时后其成活率为45%。

3.防治方法

（1）清除果园周围的寄主植物，如黄皮、九里香等。

（2）冬季清园。冬季木虱越冬成虫活动能力差，停留在叶背，清园时喷布有效杀虫剂是防治柑橘木虱的关键措施。

（3）抹芽控梢，统一放梢。在枝梢抽发时，采取"抹零留整，集中放梢"的方法统一放梢，缩短嫩梢期，统一喷药防治，可显著减轻其为害。

（4）营造防风林带。营造防风林带以阻隔木虱飞迁和传播。

（5）药剂防治。防治时期是采果后、挖除黄龙病病株前及春、夏、秋、冬嫩梢期，重点是采果后和春、夏、秋、冬嫩梢期，采取联防联治、连片统一围歼的方法喷药。每一次新梢期喷2次药左右，每次间隔15～20天。药剂可选用20%吡虫啉乳油2 000倍液、48%毒死蜱乳油1 000～2 000倍液、20%甲氰菊酯乳油1 000倍液、4.5%高效氯氰菊酯乳油1 000倍液、2.5%高效氟氯氰菊酯乳油1 500～2 000倍液、20%溴氰虫酰胺水悬浮剂3 000倍液、25%噻虫嗪水分散粒剂1 500倍液等。

（五）蚧类

1. **为害状**　在柚类上为害较多的蚧类主要有糠片蚧、矢尖蚧、黑点蚧、褐圆蚧等。蚧类既为害叶片，又为害枝干和果实，有的甚至为害根群。介壳虫往往是雄虫有翅、能飞，雌虫和幼虫为害造成叶片黄化、枝梢枯萎（图12-47）、树势衰退，且易诱发煤烟病。在果实上为害造成果面斑点累累，品质下降，甚至引起落果。

图12-47　矢尖蚧为害致枝叶枯萎

2. **发生规律**　盾蚧类大多以成虫和老熟幼蚧越冬，第二年春天来临时，雌成虫产卵于介壳下方，雌成虫产卵期较长，可达2～8周。卵不规则堆积于介壳之下，经几小时或若干天后孵化为若虫，刚孵出的若虫（初孵若虫）可以到处爬行，初孵若虫爬出母壳后移到新梢、嫩叶或果实上固定取食。蚧类的成虫和二龄以后长出介壳的若虫都难以用药防治，其蜡质介壳难以被药剂穿透。一龄若虫未长出介壳，便于药剂穿透和防治，此期是防治的最佳时机，其一龄若虫大致发生时间如下：

（1）褐圆蚧。1年发生4代，幼蚧盛发期大约为每年的5月中旬、7月中旬、8～9月、10月下旬至11月中旬，各虫期不整齐，世代重叠（图12-48）。

（2）矢尖蚧。1年发生2～3代，初孵若虫常出现于每年的5月中下旬、7月中旬、9月上中旬，一般情况下，各虫期的发生比较整齐而有规律（图12-49）。

图12-48　褐圆蚧

图12-49　矢尖蚧

图12-50　糠片蚧
（欧善生提供）

（3）糠片蚧。1年发生3～4代，初孵若虫可见于4～6月、6～7月、7～9月和10月以后。最大量的初孵若虫发生期为7月下旬至10月，尤以9月为高峰（图12-50）。

（4）黑点蚧。1年发生3～4代，一龄若虫全年均有发生，一般分别于7月中旬、9月中旬、10月中旬出现高峰。

（5）吹绵蚧。第一代卵和若虫盛期为4月下旬到6月，第二代卵和若虫盛期为7月下旬到9月初，第三代卵和若虫盛期为9～11月，其中以一、二代即4～7月发生严重。第一、二龄若虫多寄生在叶背主脉附近，吸食汁液，排泄蜜露，每蜕一次皮，迁移1次，二龄后迁移分散至大枝、树干和果梗等阴暗处群集为害。雌成虫老熟后固定取食，不再移动，并分泌白色棉絮状蜡质形成卵囊，产卵于其中。吹绵蚧适宜于温暖高湿的气候条件。吹绵蚧虫体小，主要借助风力或随苗木接穗和农事活动等途径传播（图12-51）。

吹绵蚧的天敌主要有澳洲瓢虫、大红瓢虫、小红瓢虫和红缘瓢虫。以澳洲瓢虫和大红瓢虫对吹绵蚧的控制作用较强，在生产中已广泛应用。

图12-51　吹绵蚧
（欧善生提供）

3.防治方法

（1）加强栽培管理。做好肥水管理，增强树势；盛果期后注意修剪，防止果园荫蔽，并把剪下的寄生介壳虫的阴枝和内膛枝烧毁，最大限度地减少虫口基数。

（2）保护天敌。吹绵蚧的天敌有澳洲瓢虫、大红瓢虫等，可人工放养。黄金蚜小蜂是褐圆蚧、矢尖蚧、糠片蚧的天敌，寄生率可达70%以上。

（3）冬季清园。结合清园，修剪病虫枝，集中烧毁；防止果园过度荫蔽；选用自制的1.0波美度石硫合剂喷药清园，也可用99%绿颖机油乳剂150～200倍液清园。

（4）药剂防治。根据各种介壳虫和最佳防治虫龄及发生高峰期，抓住关键时期施药，其重点应掌握在一、二龄若虫盛发期进行，喷药防治，每隔10～15天喷1次，连喷2次。可选用48%毒死蜱乳油1 000倍液、97%希翠机油乳剂150～200倍液、25%喹硫磷乳油600～700倍液、25%噻嗪酮可湿性粉剂1 000倍液。喷雾时务必全树喷匀，喷湿树冠阴枝与叶背，注意害虫集中的地方一定要精心喷杀。

（六）粉虱类

为害柑橘的粉虱主要有黑刺粉虱和白粉虱。黑刺粉虱又名橘刺粉虱，白粉虱又名橘黄粉虱。

1.为害状　主要以成虫、幼虫聚集在叶片背面刺吸汁液，形成黄斑，并分泌蜜露诱发煤烟病，使植株枝叶发黑，树体变弱，果实生长缓慢，品质变差。

2.发生规律

（1）白粉虱。白粉虱以高龄幼虫及少数蛹固定在叶片背面越冬。因各地温度不同，1年发生代数不同，华南温暖地区1年发生5～6代，各代若虫分别寄生在春、夏、秋梢嫩叶的背面为害。卵产于叶背面，每头雌成虫能产卵125粒左右；有孤雌生殖现象，所生后代均为雄虫（图12-52）。

（2）黑刺粉虱。1年发生4～5代，以二至三龄幼虫在叶背越冬。田间世代重叠。5～6月、6月下旬至7月中旬、8月上旬至9月上旬、10月下旬至11月下旬是各代一至二龄幼虫的盛发期，也是药物防治的最佳时期。成虫多在早晨露水未干时羽化，初羽化时喜欢荫蔽的环境，白天常在树冠内幼嫩的枝叶上活动，有趋光性，可借风力传播到远方。羽化后2～3天便可交尾产卵，卵多产在叶背，散生或密集呈圆弧形。幼虫孵化后作短距离爬行吸食。蜕皮后将皮留在体背上，一生共蜕皮3次，每蜕一次皮均将上一次蜕的皮往上推而留于体背上（图12-53）。

图12-52　白粉虱　　　　　　图12-53　黑刺粉虱

（欧善生提供）

3.防治方法

（1）利用天敌防治。粉虱类的天敌有红点唇瓢虫、草蛉、粉虱细蜂、黄色跳小蜂、粉虱座壳孢（图12-54）。可采集已被粉虱座壳孢寄生的枝叶散放到柑橘粉虱发生的橘树上，或人工喷洒粉虱座壳孢孢子悬浮液。

（2）剪除虫害枝、密生枝。使果园通风透光，增强树势，提高植株抗虫能力。

（3）**药剂防治。**药剂防治关键时期是各代特别是第一代

图12-54　粉虱座壳孢寄生粉虱

和第二代一至二龄若虫盛发期。药剂防治以99%绿颖机油乳剂200倍液加10%吡虫啉可湿性粉剂2 000倍液效果较好，也可选用25%噻嗪酮可湿性粉剂1 500～2 000倍液、25%噻虫嗪水分散粒剂1 500倍液、48%毒死蜱乳油1 000～1 500倍液等。

（七）柑橘花蕾蛆

柑橘花蕾蛆又称柑橘蕾瘿蚊，幼虫俗称花蛆。

1.为害状　成虫在花蕾直径2～3毫米时，将卵从其顶端产于花蕾中，幼虫在花蕾内蛀食（图12-55），致使花瓣白中夹带绿点，受害花畸形肿胀，俗称灯笼花（图12-56），不能开花结果，严重影响产量。

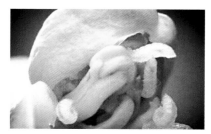

图12-55　柑橘花蕾蛆幼虫为害花蕾

图12-56　柑橘花蕾蛆为害造成的灯笼花

2.发生规律　1年发生1代，以幼虫在树冠下的浅土层中越冬，

每年的3月上中旬开始化蛹，于3月中下旬出土，羽化后1～2天即开始交尾产卵，卵期3～4天，4月上中旬为幼虫盛发期，4月中下旬幼虫开始脱蕾入土休眠，直到翌年化蛹。花蕾蛆羽化上树的产卵期为柑橘花朵的露白期。

3.防治方法

（1）物理防治。在成虫出土前进行地面覆盖，可使成虫闷死于地表。

（2）药剂防治。地面撒药，掌握在花蕾2毫米左右由绿转白阶段、成虫羽化出土前5～7天撒药，每亩用50％辛硫磷颗粒剂0.5千克。拌土撒施，或用90％晶体敌百虫800倍液、20％杀灭菊酯乳油2 500～3 000倍液、25％溴氰菊酯乳油3 000～5 000倍液等喷洒1～2次。成虫已出土至产卵前，一般在现蕾期用5％高效氯氟氰菊酯乳油1 500～2 000倍液、20％氯氰菊酯乳油3 000～5 000倍液、48％毒死蜱乳油1 500～2 000倍液、50％辛硫磷乳油1 000～1 500倍液喷洒树冠1～2次。

（八）柑橘蚜虫类

柑橘蚜虫类主要有棉蚜、橘蚜、绣线菊蚜、橘二叉蚜。它们都是传播柑橘衰退病的媒介昆虫。

1. 为害状　蚜虫以成虫和若虫（图12-57）吸食嫩梢、嫩叶、花蕾及花的汁液，使叶片卷曲，叶面皱缩、凹凸不平，不能正常伸展（图12-58）。受害新梢枯萎，花果脱落。蚜虫排出的蜜露还

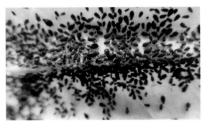

图12-57　橘　蚜

图12-58　橘蚜为害至嫩梢卷曲

诱发煤烟病，并招来蚂蚁取食而驱走天敌。

2.发生规律

（1）棉蚜。1年发生20～30代，以卵在枝条基部越冬。翌年3月卵开始孵化，气温升至12℃以上时开始繁殖。在早春和晚秋19～20天完成1代，夏季4～5天完成1代。繁殖的最适温度为16～22℃。

（2）橘蚜。1年发生10～20代，以卵或成虫越冬。3月下旬至4月上旬越冬卵孵化为无翅若蚜为害春梢嫩枝、叶，若蚜成熟后便胎生幼蚜，虫口急剧增加，于春梢成熟前达到为害高峰。繁殖最适温度24～27℃，高温久雨死亡率高、寿命短，低温也不利于该虫的发生。

（3）绣线菊蚜。全年均有发生，1年发生20代左右，以卵在寄主枝条裂缝、芽苞附近越冬。4～6月为害春梢并于早夏梢时形成高峰，虫口密度以5～6月最大，9～10月形成第二次高峰，为害秋梢和晚秋梢。

（4）橘二叉蚜。1年发生10余代，以无翅雌蚜或老熟若虫越冬。翌年3～4月开始取食新梢和嫩叶，以春末夏初和秋天繁殖多、为害重。多行孤雌生殖。繁殖最适宜温度为25℃左右。一般为无翅型，当叶片老化、食料缺乏或虫口密度过大时便产生有翅蚜迁飞他处取食。

3.防治方法

（1）黄板诱蚜。有翅成蚜对黄色、橙黄色有较强的趋性，可在黄板上涂抹10号机油、凡士林等诱杀。黄板插或挂于田间，诱满蚜虫后要及时更换（图12-59）。

（2）冬季结合清园，剪除有虫枯枝，减少越冬虫口。在

图12-59 挂黄板诱杀蚜虫、小实蝇

生长季节抹除抽生不整齐的新梢，统一放梢。

（3）保护和利用天敌。蚜虫的天敌种类很多，如瓢虫、草蛉、食蚜蝇、寄生蜂、寄生菌等，注意合理用药，保护天敌。

（4）药剂防治。药剂可选用10%吡虫啉可湿性粉剂1 500 ～ 2 000倍液、70%吡虫啉可湿性粉剂5 000 ～ 8 000倍液、3%啶虫脒乳油2 500 ～ 3 000倍液、25%噻虫嗪水分散粒剂1 500倍液、50%抗蚜威可湿性粉剂3 000 ～ 5 000倍液等。

（九）蓟马

1.为害状　蓟马以成虫（图12-60）、若虫吸食嫩叶、嫩梢和幼果的汁液。幼果受害后表皮油胞破裂，逐渐失水干缩，呈现不同形状的木栓化银白色斑痕（图12-61），斑痕随着果实膨大而扩大。嫩叶受害后，叶片变薄，中脉两侧出现灰白色或灰褐色条斑，表皮呈灰褐色，受害严重时叶片扭曲变形（图12-62），生长势衰弱。

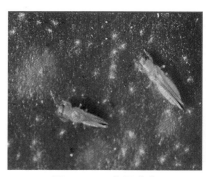

图12-60　蓟马成虫

图12-61　蓟马为害形成的银白色斑痕

2.发生规律　1年发生7 ～ 8代，以卵在秋梢新叶组织内越冬。翌年3 ～ 4月越冬卵孵化为幼虫，在嫩梢和幼果上取食。田间4 ～ 10月均可见为害，但以谢花后至幼果期为害最重。第一、二代发生较整齐，也是主要的为害世代，以后各代世代重叠明显。幼虫老熟后在地面或树皮缝隙中化蛹。成虫较活跃，尤以晴天中午活动最盛。秋季当气温降至17℃以下时便停止发育。

3.防治方法

（1）开春清除园内枯枝落叶并集中烧毁，以消除越冬虫卵。

（2）在谢花至幼果期加强检查，结合喷叶面肥，选用2.5%溴氰菊酯乳油2 000～3 000倍液、10%吡虫啉可湿性

图12-62　蓟马为害导致叶片扭曲变形

粉剂1 500倍液、70%吡虫啉可湿性粉剂5 000～8 000倍液、48%毒死蜱乳油1 000～1 500倍液、0.5%藜芦碱可湿性粉剂800倍液、22.4%螺虫乙酯悬浮剂2 000倍液防治。

（十）柑橘实蝇

柑橘实蝇有柑橘大实蝇和柑橘小实蝇两种。

1.为害状　以成虫产卵于果实内，幼虫为害果实（图12-63），使果实腐烂并造成大量落果（图12-64）。

2.发生规律

（1）柑橘大实蝇。在四川、湖北、贵州等地1年发生1代，以蛹在柚园土中越冬，于翌年4月下旬至5月上中旬羽化出土，6月上旬至7月中旬交尾

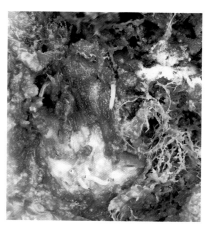

图12-63　柑橘小实蝇为害造成果实腐烂

产卵，产卵时，雌虫将产卵管刺入果皮，每孔产卵数粒。卵期1个月左右，于7～9月孵化为幼虫，10月中旬至11月上中旬幼虫脱果入土化蛹越冬。主要传播途径为人为携带虫果和带土苗木传播（图12-65）。

图12-64　柑橘小实蝇为害造成果实腐烂、落果

图12-65　柑橘大实蝇成虫
（陆温提供）

（2）柑橘小实蝇。1年发生3～5代，无严格越冬现象，发生极不整齐，成虫羽化后需要经历较长时间的补充营养（夏季10～20天，秋季25～30天，冬季3～4个月）才能交尾产卵，卵产于

图12-66　柑橘小实蝇成虫

将近成熟果实的果皮内。卵期夏、秋季1～2天，冬季3～6天。幼虫期夏、秋季7～12天，冬季13～20天。老熟后脱果入土化蛹，蛹期夏、秋季8～14天，冬季15～20天（图12-66）。

3.防治方法

（1）加强检疫。严禁从疫区内调运带虫的果实、种子和带土苗木。

（2）销毁被害虫果。在8月下旬至11月，摘除未熟先黄、黄中带红的被害果并捡拾落地果，放入50～60厘米深的坑中，在表面撒一层生石灰后深埋，也可以用石灰水浸泡，杀死果中的卵和幼虫。

（3）诱杀成虫。在6～8月柑橘大实蝇、柑橘小实蝇产卵前期，在柚园喷施90％敌百虫晶体800倍液、1.8％阿维菌素乳油5 000倍液、2.5％溴氰菊酯乳油3 000～4 000倍液加3％红糖混合液诱杀成虫。在幼虫脱果入土盛期和成虫羽化盛期地面喷洒50％辛硫磷乳油800～1 000倍液。同时，可用黄板插或挂于田间，诱杀成虫。

（十一）橘实雷瘿蚊

橘实雷瘿蚊又名橘实瘿蚊、沙田柚橘实雷瘿蚊。主要为害沙田柚、桂柚1号、文旦柚、蜜柚类、酸柚等果实，以沙田柚、桂柚1号受害最重，是一种易造成沙田柚、蜜柚等严重落果的危险性害虫（图12-67）。

图12-67　橘实雷瘿蚊幼虫

1.**为害状**　幼虫蛀食柚果的白皮层，被害果表面可见蛀孔，蛀口约1毫米，虫孔周围呈黑褐色（图12-68），并附有少量胶质物，白皮层的蛀道弯曲呈红褐色，并有红色粉末状物；幼虫不食果肉，被害果外观呈不均匀的未熟先黄状（图12-69），最后导致落果。

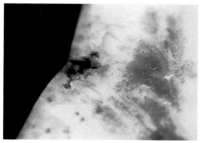

图12-68　橘实雷瘿蚊为害状

图12-69　橘实雷瘿蚊为害造成果实未熟先黄，最后腐烂落果

2.发生规律　1年发生3～4代，世代重叠严重，以老熟幼虫在3～5厘米土层中越冬，翌年4～5月土表下化蛹、羽化，羽化后1～2天即可交尾产卵；成虫多在夜间羽化、交尾、产卵，有趋光性，飞翔力弱，寿命2～5.5天，不需要补充营养；卵多产于果蒂附近或果实背光处的白皮层中，每个果实有卵几十粒至上百粒，卵期3天；初孵幼虫呈乳白色，蛀入果内为害后变为为鲜红色，幼虫期15～25天，幼虫老熟时沿蛀孔爬出果外弹跳入土化蛹，同一蛀道内有幼虫至少1头，多的达3～4头。

橘实雷瘿蚊在多雨季节、温度适宜时发生较多，高温干旱则发生较少；果园环境荫蔽、潮湿，地面杂草多，周围杂树多和种植密度大的环境利于其发生，通风透光好、排水良好的果园发生少；山区雾大而重的果园发生多；可随带虫果实运输远距离传播，或随带虫果实随流水传播。

3.防治方法

（1）**植物检疫**。该虫在我国仅局部分布，应严禁带虫果和带虫土、苗木外运，以防扩散。

（2）**摘除虫果和捡拾落果**，以水浸、焚烧等方式及时处理，减少或消灭虫源；冬季结合清园翻耕树冠下15～20厘米土层，并于翌年早春再浅耕1次，杀死地下越冬幼虫。

（3）**药剂防治**。在越冬幼虫出土化蛹、羽化初期在树冠下地面喷施40%毒死蜱乳油1 000～2 000倍液、10%氯氰菊酯乳油1 500～2 000倍液、2.5%溴氰菊酯乳油2 000～3 000倍液、90%敌百虫晶体1 000倍液等，杀死地面上爬行的成虫；5月中旬至6月上旬用40%毒死蜱乳油500～600倍液、2.5%溴氰菊酯乳油1 500～2 000倍液等进行树冠喷雾，每隔7天喷1次，连喷3次。

（十二）柑橘尺蠖

1.为害状　柑橘尺蠖主要以幼虫取食叶片（图12-70），一龄幼虫取食嫩叶叶肉仅留下表皮层，二至三龄幼虫食叶呈缺刻，四龄后以为害老叶为主，整片叶吃光。

图12-70　柑橘尺蠖幼虫

2.**发生规律**　在广西1年发生3～4代，以蛹在柚园土中越冬，翌年3月下旬陆续羽化出土，幼虫盛发期分别在5月上旬、7月中旬和9月中旬。成虫昼伏夜出，有趋光性和假死性，产卵于叶背。初孵幼虫常在树冠顶部的叶尖直立，或吐丝下垂随风飘散为害，幼龄时取食叶肉，残留表皮，大龄幼虫常在枝杈搭成桥状。老熟幼虫沿树干下爬，多在树干周围50～60厘米的浅土中化蛹。

3.**防治方法**

（1）农业措施。结合冬季清园，全园深翻，将越冬蛹挖除，减少越冬基数，是控制柑橘尺蠖的有效措施，尺蠖产卵均在树干及叶片背面，要及时刮除卵块，并把收集的卵块集中烧毁或深埋。

（2）化学防治。可选用2.5%溴氰菊酯乳油2 000～3 000倍液、90%敌百虫晶体600倍液、20亿个多角体/毫升棉铃虫核型多角体病毒悬浮剂700～800倍液等。

（十三）天牛类

为害柚类的天牛主要有星天牛、褐天牛、光盾绿天牛和蔗根土天牛等。星天牛、褐天牛、光盾绿天牛主要为害地上部分的枝干，蔗根土天牛则为害地下部分的根系，两类天牛的防治方法也存在较大的区别，现分述如下。

星天牛、褐天牛、光盾绿天牛

1.**为害状**　天牛以成虫啃食植株细枝皮层，幼虫钻蛀为害枝干及根部。星天牛和褐天牛的幼虫蛀害主干、主枝及根部，常环绕树干基部蛀成圈，后钻入主干或主根木质部，使树干、根内部造成许多通道，影响水分、养分的输送，致使叶片黄化，树势衰弱，甚至整株枯死。光盾绿天牛幼虫从枝梢侵入为害，被害枝梢上每隔一段距离有一个圆形孔洞，枝条易被风折。

2.发生规律

（1）星天牛。1年发生1代，幼虫在树干基部或主根内越冬，翌年春化蛹，成虫在4月下旬至5月上旬开始出现，5～6月为羽化盛期。卵多产于离地面5厘米以内的树干基部，5月底至6月中旬为产卵盛期。产卵处表面湿润，有树脂泡沫流出（图12-71）。

图12-71　星天牛成虫
（林林提供）

（2）褐天牛。2年完成1代，幼虫和成虫均可越冬。一般在7月上旬以前孵化的幼虫，当年以幼虫在树干蛀道内越冬，翌年8月上旬至10月上旬化蛹，10月上旬至11月上旬羽化为成虫并在蛹室内越冬，第3年4月下旬成虫外出活动。8月以后孵化的幼虫，则需经历2个冬天，到第3年5～6月化蛹，8月以后才外出活动。成虫出洞后在上半夜活动最盛，白天多潜伏在树洞内，1年中在4～9月均有成虫外出活动和产卵，以4～6月外出活动产卵最多，幼虫大多在5～7月孵化。幼虫孵化后先在卵壳附近皮层下横向取食，7～20天后，开始蛀食木质部，并产生虫粪和木屑，同时在树干上产生气孔与外界相通，后幼虫老熟并化蛹（图12-72）。

图12-72　褐天牛成虫
（欧善生提供）

（3）光盾绿天牛。1年发生1代，以幼虫在树枝木质部内越冬。4月下旬至5月下旬为化蛹盛期，成虫于5～6月出现，5月下旬至6月中下旬为盛期，虫卵多产于嫩枝的分权处、叶柄和叶腋内，每处1粒。6月上中旬开始孵化，幼虫孵化后咬破卵壳底层，保留上层卵壳掩盖虫体，经6～7天后即开始由此处卵壳下蛀入枝条，由小枝逐步蛀入大枝。

3.防治方法

（1）人工捕捉成虫。在成虫羽化产卵期（5～6月）的晴天，中午捕杀栖息于树冠外围的成虫，或在黄昏前后捕杀在树干基部产卵的成虫。

（2）加强栽培管理，保持树干光滑。在成虫羽化产卵前用石灰浆涂白树干，也可采用基部包扎塑料薄膜的方法来防止天牛产卵。同时结合根颈培土，减少成虫潜入和产卵的机会。

（3）刮除虫卵及低龄幼虫。在6～8月，初孵幼虫在主干树皮层为害时，可见到新鲜木屑样的虫粪向外排出，从中发现有白色虫卵或虫粪，可用利刀刮杀虫卵。

（4）钩杀幼虫或药物毒杀幼虫。在春、秋季发现树干基部有新鲜虫粪时，及时用钢丝将虫道内的虫粪清除后进行钩杀，然后用棉球或碎布条蘸80%敌敌畏乳油5～10倍液塞入虫孔内，并用湿泥土封堵洞口，以毒杀幼虫。

蔗根土天牛

蔗根土天牛又名蔗根锯天牛、蔗根天牛（图12-73、图12-74）。蔗根土天牛除为害甘蔗外，还为害荔枝、龙眼、柑橘、桉树、松树、板栗等，广

图12-73　蔗根土天牛幼虫

图 12-74　蔗根土天牛成虫
（陀桂成提供）

泛分布于广西、广东、海南及云南等主要产蔗地区和部分柑橘产区，近几年来在广西部分柑橘园为害严重。

1.**为害状**　以幼虫咬食寄主植物土下的根颈部及主、侧根，幼树被害容易导致全株死亡，成年树被害，开始叶片叶尖附近出现似线虫为害的黄化（图12-75），随着为害的加重，主根、侧根被蛀空（图12-76），须根被咬食一空，地上部枝叶黄化、萎蔫、干枯，最后整株死亡。

图12-75　蔗根土天牛为害导致叶片黄化

图12-76　蔗根土天牛蛀空成年沙田柚主根状

2.发生规律 一般在前作为甘蔗、竹子、桉树和松树的果园容易发生，一至三年生的幼树受害严重。在南方，蔗根土天牛2年发生1代，以老熟幼虫在根系或根系附近土壤中越冬。在广西南宁，4月上旬开始有成虫出现，5月下旬至6月初为成虫羽化出土盛期。成虫具有趋光性，出土不久即可交尾，交尾产卵一般在夜间进行，卵产于树根或其附近表土1～3厘米深处，每头雌成虫可产卵300粒左右。幼虫孵化后立即钻入地下咬食嫩根，随着虫龄增长逐渐转移到侧根、主根为害，在木质部蛀食，蛀空主、侧根，为害深度可达1米以上。由于柚树根系发达，幼虫在柚园内多在地下活动，地上部分树干、主枝、侧枝上难以见到虫孔。因此，刚开始为害时难以发现。

3.防治方法

（1）在前作为甘蔗、桉树、松树地建园时，用旋耕机反复犁、耙几次，尽量杀死土中幼虫和蛹。

（2）4～6月成虫羽化期间，在果园内挖坑诱杀。每亩挖坑8～10个，坑的长宽各30厘米、深50厘米，四壁尽量陡峭、平滑，坑内放置一层湿润、腐熟后的有机肥和沙土，以使蔗根土天牛掉进坑内无法爬出，诱集成虫产卵并杀灭。

（3）在4～6月成虫羽化期间的19:00～21:00，在果园悬挂频振式杀虫灯或黄色电灯或煤油灯，灯下放置加入适量柴油的水盘，利用成虫的趋光性诱杀或配合人工捕杀。

（4）发现园内出现被害树时，及时挖开土壤，找到幼虫杀灭。植株受害致死时，及时拔掉死树将根系烧毁，同时清理、杀灭地下幼虫。

（十四）蜗牛

蜗牛又名小螺丝、触角螺，我国柑橘上常见的为同型巴蜗牛（图12-77）。

1.为害状 主要是取食柚类幼嫩枝叶及果皮，受害嫩叶呈网状孔洞，幼果被害处组织坏死，呈不规则凹陷状（图12-78），严重影响果实外观和品质。

图12-77　同型巴蜗牛

图12-78　同型巴蜗牛为害幼果状

2.发生规律　1年发生1～2代，以成贝在枯枝落叶中或土中或以幼贝在作物根部土中越冬。翌年3月中旬开始活动，蜗牛喜潮湿，卵产在疏松的湿土中。阴雨天气较多年份发生较重。主要为害期是4～7月、9～12月。

3.防治方法

（1）**生物防治**。养鸡、鸭啄食，及时清除柚园杂草和枯枝落叶，产卵期中耕晒卵，用石灰粉、草木灰等撒施在被害植株周围以驱赶蜗牛。

（2）**药剂防治**。在4月上中旬和5月中下旬蜗牛未交配产卵和大量上树前的盛发期，可撒施毒土防治，常用药剂有8%灭蜗灵颗粒剂，每亩用1千克拌10～15千克干细土，或每亩用6%四聚乙醛465～665克拌细土10～15千克撒施树盘，或用70%杀螺胺可湿性粉剂400～500倍液喷雾等。

（十五）**黑蚱蝉**

1.为害状　黑蚱蝉俗称知了（图12-79），以成虫刺吸枝梢汁液（图12-80），产卵时用产卵器刺破枝条表面深至木质部，造成大量爪状刺穴，将卵产于其内，使枝条的养分输导系统受到

破坏和阻碍，致枝条干枯
（图12-81），叶、果脱落。

图12-79 黑蚱蝉成虫与蝉蜕

图12-80 黑蚱蝉成虫为害结果母枝

图12-81 黑蚱蝉在枝条上产卵导致
枝条枯死

2.**发生规律** 在桂林数年发生1代，以卵在枝条内和若虫在土中越冬，翌年5月上中旬越冬卵开始孵化，5月中下旬至6月初为孵化初期，6月下旬终止。孵出的若虫立即入土，在土中蜕皮5次，生活数年才能完成整个若虫期。老熟若虫于晚上8～10时出土羽化为成虫，6月上旬为羽化始期，6月中旬至7月中旬为盛期，10月上旬终止。成虫6月上旬开始产卵，6月下旬至7月下旬为产卵盛期。

3.**防治方法**

（1）结合夏季和冬季修剪，剪除被害枝条，集中烧毁，消灭卵粒，此法是防治该虫的最经济、有效、安全、简便的方法。

（2）根据蚱蝉成虫趋光特性，在6～7月晚上8～10时（尤其是闷热之夜）用火把或灯光诱捕成虫。

（3）5月下旬至6月初，在若虫上树蜕皮羽化前，在树干基部

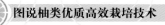

包扎一圈8～10厘米宽的塑料薄膜（图12-82），可阻止若虫上树蜕皮。

图12-82　树干捆绑薄膜阻止黑蚱蝉幼虫上树

（4）在柚园周边拉上渔网，网高超过树冠0.5～1.0米，在成虫发生盛期捕杀成虫的效果十分明显。

国家禁止生产销售及使用农药名录	甲胺磷、甲基对硫磷、对硫磷、久效磷、磷胺、六六六、滴滴涕、毒杀芬、二溴氯丙烷、杀虫脒、二溴乙烷、除草醚、艾氏剂、狄氏剂、汞制剂、砷类、铅类、敌枯双、氟乙酰胺、甘氟、毒鼠强、氟乙酸钠、毒鼠硅、苯线磷、地虫硫磷、甲基硫环磷、磷化钙、磷化镁、磷化锌、硫线磷、蝇毒磷、治螟磷、特丁硫磷、氯磺隆、福美胂、福美甲胂、三氯杀螨醇、胺苯磺隆单剂、甲磺隆单剂； 百草枯水剂，从2016年7月1日起停止在国内销售与使用； 胺苯磺隆复配制剂、甲磺隆复配制剂，从2017年7月1日起停止在国内销售与使用
国家限制使用农药名录	甲拌磷、甲基异柳磷、克百威、磷化铝、硫丹、氯化苦、灭多威、灭线磷、涕灭威、水胺硫磷、氧乐果、百草枯、2,4-滴丁酯、C型肉毒梭菌毒素、D型肉毒梭菌毒、氟鼠灵、敌鼠钠盐、杀鼠灵、杀鼠醚、溴敌隆、溴鼠灵、溴甲烷，实行定点经营，禁止在蔬菜、果树、茶树、中草药材上使用； 氟虫腈，禁止除卫生用、玉米等部分旱田种子包衣剂外的其他用途； 三氯杀螨醇、氰戊菊酯，禁止在茶树上使用； 毒死蜱、三唑磷，禁止在蔬菜上使用； 丁酰肼，禁止在花生上使用； 氟苯虫酰胺，禁止在水稻作物上使用； 丁硫克百威、乙酰甲胺磷、乐果，禁止在蔬菜、瓜果、茶叶、菌类和中草药材作物上使用

附录2
农药与生长调节剂稀释方法

1.百分比浓度＝溶质÷溶液×100%。

如0.2%的尿素溶液，即在50千克水中加入0.1千克尿素。

2.**倍数浓度**　即1份农药加水的份数。

例如50%多菌灵500倍液，即1千克50%的多菌灵药粉加水500千克。

3.**百万分之一浓度（毫克/升）**　即100万份药液中含有效成分的份数或每升药液中所含的药剂的毫升数或每千克药液中所含的药剂的毫克数。生产上常用于稀释植物生长调节剂。具体配制公式如下：

$$配药用水量＝\frac{药物用量×药物含量}{配制浓度}$$

如：用5克75%的赤霉酸配制20毫升/升的溶液，所需的用水量为：

$$配药用水量＝\frac{5×75\%}{20/100}＝187\,500克＝187.5千克$$

不同浓度植物生长调节剂稀释成不同浓度溶液所需用水量详见附表。

附表 1克生长调节剂配制不同浓度溶液所需加水量

配制浓度（毫克/升）	加水量（千克）		
	赤霉酸	2,4-滴	
	75%	80%	90%
5	150.00	160.00	180.00
10	75.00	80.00	90.00
15	50.00	53.33	60.00
20	37.50	40.00	45.00
25	30.00	32.00	36.00
30	25.00	26.67	30.00
35	21.43	22.86	25.71
40	18.75	20.00	22.50
50	15.00	16.00	18.00

主要参考文献

蔡明段，彭成绩，2008.柑橘病虫害原色图谱[M].广州：广东科学技术出版社.

陈国庆，2011.柑橘病虫害诊断与防治原色图谱[M].北京：金盾出版社.

陈合荣，2015.三红蜜柚的高产栽培[J].福建农业(5): 69.

陈腾土，李嘉球，麦适秋，等，1991.沙田柚栽培技术[M].南宁：广西科学技术出版社.

陈腾土，李嘉球，麦适秋，等，1997.沙田柚高产栽培技术[M].南宁：广西科学技术出版社.

高超跃，范新单，廖祥林，等，2004.不同药剂防治柑橘黑星病的药效试验[J].中国南方果树，33(2): 21.

何天富，1999.柑橘学[M].北京：中国农业出版社.

何志发，2014.平和县琯溪蜜柚生产现状及发展思路[J].东南园艺(5): 58-62.

黄绿林，2016.三红蜜柚裂果原因与防治[J].中国园艺文摘(3): 188-189.

林燕金，林旗华，姜翠翠，等，2014.福建省柚类产业发展现状及对策[J].东南园艺(5):39-42.

卢运胜，周启明，邱柱石，等，1991.柑橘病虫害[M].南宁：广西科学技术出版社.

罗永兰，张志元，1991.柑橘附生性绿球藻的发生及防治[J].中国柑橘，20(3): 43.

区善汉，麦适秋，雷凤姣，等，2006.不同时期深施重肥对沙田柚生长结果的影响[J]，广西植物，26(6):681-683.

区善汉，梅正敏，肖远辉，等，2018.图说柑橘避雨避寒高效栽培技术[M].北京：中国农业出版社.

区善汉，肖远辉，梅正敏，等，2015.图说柑橘避雨避寒栽培技术[M].北京：金盾出版社.

区善汉,张社南,欧善生,等,2018.图说沙糖橘优质高效栽培技术[M].北京:中国农业出版社.

王国平,窦连登,2007.果树病虫害诊断与防治原色图谱[M].北京:金盾出版社.

王祥和,何凡,陈业光,等,2006.泰国红肉柚引种表现与栽培要点[J].中国热带农业(6):42.

夏声广,唐启义,2006.柑橘病虫害防治原色生态图谱[M].北京:中国农业出版社.

薛妙男,韦安华,陈腾土,等,1991.沙田柚花芽分化研究[J].广西植物,11(2):178-180.

尹颖,2011.柑橘脚腐病的调查与防治[J].中国南方果树,40(6):66-67.

张金桃,2015.三红蜜柚特征特性田间观察及其优质高效栽培技术[J].中国南方果树,44(3):110-112.

中国柑橘学会,2008.中国柑橘品种[M].北京:中国农业出版社.

钟进良,2013.三红蜜柚的品种特性及主要栽培技术[J].中国园艺文摘(11):164-165.

周开隆,叶荫民,2010.中国果树志 柑橘卷[M].北京:中国林业出版社.

图书在版编目（CIP）数据

图说柚类优质高效栽培技术 ／ 区善汉等编著. —北京：中国农业出版社，2020.2（2022.3重印）
（柑橘提质增效生产丛书）
ISBN 978-7-109-26127-3

Ⅰ．①图… Ⅱ．①区… Ⅲ．①柚-果树园艺-图解 Ⅳ．①S666.3-64

中国版本图书馆CIP数据核字（2019）第241784号

中国农业出版社出版
地址：北京市朝阳区麦子店街18号楼
邮编：100125
责任编辑：张 利 阎莎莎
版式设计：杜 然 责任校对：吴丽婷
印刷：北京中科印刷有限公司
版次：2020年2月第1版
印次：2022年3月北京第2次印刷
发行：新华书店北京发行所
开本：880mm×1230mm 1/32
印张：7
字数：190千字
定价：49.00元